电网新技术应用综合效益评价体系研究

邹贵林　董士波　吴良峥　主编

中国建筑工业出版社

图书在版编目(CIP)数据

电网新技术应用综合效益评价体系研究／邹贵林，董士波，吴良峥主编．—北京：中国建筑工业出版社，2020.6
ISBN 978-7-112-25088-2

Ⅰ.①电… Ⅱ.①邹… ②董… ③吴… Ⅲ.①电网—新技术应用—效益评价—研究 Ⅳ.①TM7

中国版本图书馆CIP数据核字（2020）第076370号

责任编辑：朱晓瑜　毋婷娴
责任校对：张　颖

电网新技术应用综合效益评价体系研究

邹贵林　董士波　吴良峥　主编

*

中国建筑工业出版社出版、发行（北京海淀三里河路9号）
各地新华书店、建筑书店经销
北京方舟正佳图文设计有限公司制版
北京建筑工业印刷厂印刷

*

开本：787×1092毫米　1/16　印张：9¼　字数：158千字
2020年6月第一版　2020年6月第一次印刷
定价：49.00元
ISBN 978-7-112-25088-2
(35876)

本书编写人员

主　　编：邹贵林　董士波　吴良峥

副 主 编：陈　雯　林秀浩　徐慧声

参编人员：梁燕妮　王秀娜　高长征　张继钢　朱　蕾

　　　　　黄　琰　乔慧婷

前 言

习近平总书记在党的十九大报告中提出“加快建设创新型国家”，明确“创新是引领发展的第一动力，是建设现代化经济体系的战略支撑”。现阶段，我国电网企业正处于改革的关键时期，科技创新成为其推动改革、持续发展的驱动引擎。随着电网企业对科技创新工作认识程度的逐步深化，形成了一系列丰富的电网新技术成果和实践应用经验。不可忽略的是，新技术的应用是一把“双刃剑”，一方面，通过新技术的实践运用，电网供电可靠性、供电质量及经济效益得到显著提高；另一方面，由于新技术自身成熟度、技术风险等原因，可能会导致经济损失和社会风险。

与丰富的电网新技术应用成果相比，我国电网新技术应用的综合效益评价工作略显薄弱。现阶段，新技术在电网建设中不断得到推广应用，综合效益成为其推广应用范围和力度的主要依据，构建科学、合理的评价体系因而具有重要的现实需求和理论研究价值。为进一步加快电网新技术成果的推广应用，整合现有新技术成果，实现电网关键核心技术得到充分、广泛应用，开展电网新技术应用综合效益评价体系研究获得了诸多理论研究学者和实务工作人员的青睐与关注。因此，系统总结我国电网新技术应用实践积累的丰富经验，深入研究电网新技术应用综合效益评价体系，并在实际工作中不断丰富和发展，对新技术的推广应用具有重要的现实意义。

本书共设置了7章内容，全面系统地总结了我国电网新技术的发展历程、发展形势和应用情况，介绍了电网新技术应用综合效益评价的相关理论基础、研究方法和政策体系，开展了电网新技术入库评价研究和电网新技术成果转化应用评价研究两部分核心研究内容。在此基础上，基于500kV肇花博输变电工程作为典型案例，验证了电网新技术应用综合效益评价体系的可靠性和实用性，为电网新技术应用的综合效益评价工作提供有益参考。

本书由南方电网能源发展研究院技术经济中心编撰。在编写过程中，大量查阅、检索和参考了国内外相关文献资料和相关专家学者的论著。许多专家对本书提出了宝贵意见和建议。与此同时，本书得到中国电力企业联合会电力建设技术经济咨询中心的大力支持和帮助，在此一并致以最诚挚的感谢。本书可供电力行业有关企业、行业协会以及第三方咨询机构等相关专业人士使用和参考，并可作为全国电力技术经济管理、工程造价管理以及项目管理等相关专业的博士研究生、硕士研究生的参考用书。

本书的出版，既是对多年研究探索和实践应用的总结，也是一次系统的梳理过程。我们希望通过此书，凝练已有研究成果，并在后续评价工作中得到有效应用。同时，也希望能全面分析已有研究工作中存在的不足之处，明确日后努力的方向。由于时间仓促，不足之处，还请读者谅解和批评指正，不吝赐教。

本书编写组

2020 年 3 月

目 录

第一章　绪论

近年来，电力行业生产力与生产关系发生变革，新型技术、理念与传统电力行业实现融合，使得电网表现出新的技术发展趋势。当前，电网新技术成果在应用推广前缺乏科学评价和项目优选，主要表现在：电网新技术成果的推广应用力度不够，往往不能实现其应有价值。究其原因，电网企业缺乏对已有电网新技术成果进行推广应用评价的手段和方法。因此，为进一步加快电网新技术成果的推广和实践应用，多渠道、多路径以及多方式加速整合现有新技术成果，实现电网关键核心技术充分、广泛应用，开展电网新技术应用综合效益评价体系研究具有一定的现实需求。

本章首先从我国科技创新基本情况、电网企业创新驱动等两个方面概述近年来我国科技创新发展的基本情况。在此基础上，梳理了我国电网技术的发展历程，并就未来的发展形势进行描述。最后，对本书所采用的研究方法加以概括，并列出本书的章节安排及整体框架。本章的结构如图 1-1 所示。

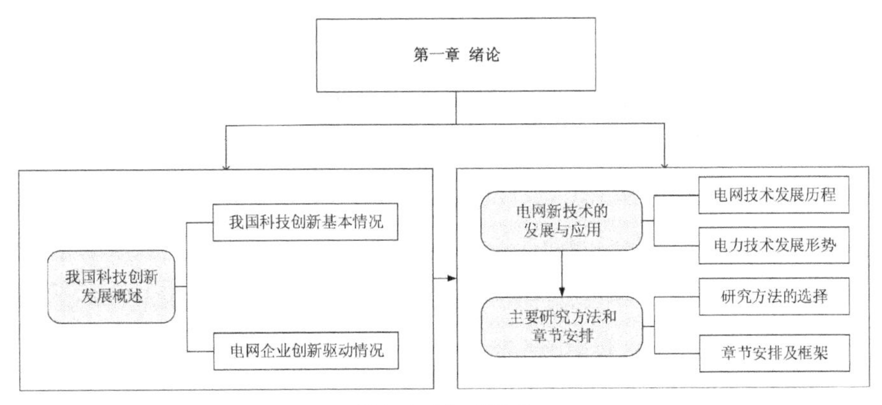

图 1-1　第一章结构

第一节　我国科技创新发展概述

中华人民共和国成立70年来，我国科技创新能力持续增强，重大成果不断涌现。相比较于成立初期落后的科技发展水平，伴随改革开放，以及近年来我国在科技体制改革方面的持续深入推进，促使一系列科技计划发布与实施，在科技领域的投入不断增加。2013年以来，我国便成为全球第二大研发经费投入国家，研发人员数量、发明专利申请数量等均占据全球领先位置。

党的十八大以来，我国创新产出不断扩大，在载人航天、探月工程、量子科学、深海探测、超级计算以及卫星导航等领域取得重大技术成果。党中央为实施创新驱动发展战略、增强核心竞争力指明了前进的方向和未来发展愿景。本节主要包括两方面内容：一是描述我国科技创新的基本情况，二是针对电网企业的科技创新情况进行创新驱动分析。

一、科技创新基本情况

为了更准确地观测科技创新的基本情况及其变化规律，针对科技创新基本情况，将从科学研究与开发机构基本情况、研究与试验发展人员数量、专利申请与授权情况以及科技进步贡献4个维度进行梳理分析。

（一）科学研究与开发机构基本情况

科学研究与技术开发机构是科技活动的重要机构，承担着基础研究、应用研究和试验发展的主要任务。近年来，伴随我国科技体制改革进程的不断加深，我国科学研究与开发机构数量总体保持平稳，但呈现下降的发展态势。

根据国家统计局的公开数据显示，截至2018年底，我国共有科学研究与开发机构3306个。其中，中央属科学研究与开发机构717个，地方属科学研究与开发机构2589个。与2005年相比，我国科学研究与开发机构减少595个。2005—2018年期间，我国共有科学研究与开发机构的数量情况如图1–2所示。

（二）研究与试验发展人员数量

研究与试验发展人员是指从事科学研究与试验发展活动的人员。截至2018年底，按折合全时工作量计算的研究与试验发展人员数量共有438.14万人／年，其中研究与试验发展基础研究人员共有30.5万人／年，研究与试验发展应用研究人员53.88万人／年，研究与试验发展人员353.77万人／年。2000—2018年期间，

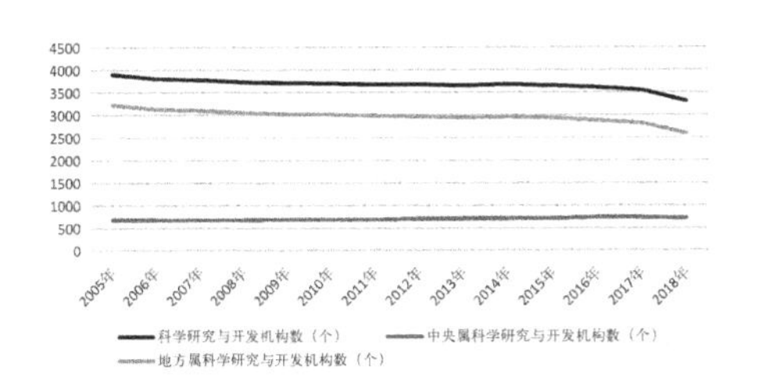

（备注：现有公开数据的统计时间范畴为 2005—2018 年）
图 1-2 我国科学研究与开发机构数量（2005—2018 年）

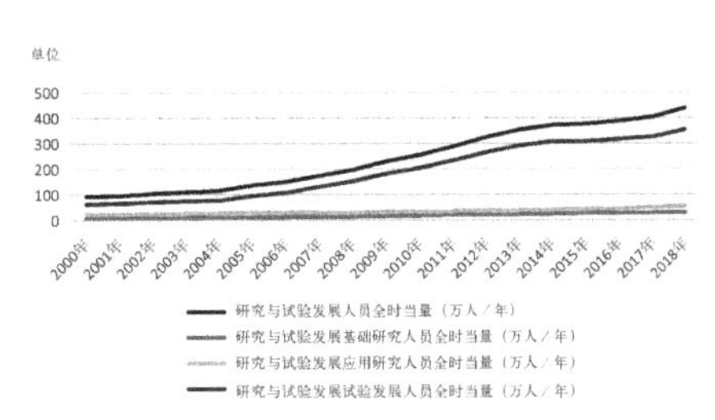

（备注：现有公开数据的统计时间范畴为 2000—2018 年）
图 1-3 我国研究与试验发展人员数量（2000—2018 年）

我国研究与试验发展人员数量总体呈现持续增加的状态，如图 1-3 所示。

（三）专利申请与授权情况

1. 国内外三种专利申请年度状况

近年来，我国专利申请数量呈现出大幅增加趋势。截至 2018 年末，我国专利申请数量达到 432.3 万件，是 1991 年的 86 倍。专利质量也得到同步提升，以最能体现创新水平的发明专利为例，2018 年，发明专利申请数达 154.2 万件，占专利申请数的比重为 35.7%，比 1991 年提高 12.9 个百分点。此外，实用新型专利占比达到 47.94%，外观设计专利占比达到 16.36%。在专利产出效益方面，2018 年末，我国平均每亿元研发经费产生境内发明专利申请 70 件，比 1991 年提高 19 件，专利产出效益得到明显提高。

根据国家知识产权局的公开数据，本书选取 1995—2018 年期间发明专利、实用新型专利以及外观设计专利三种专利的国内外申请情况进行分析。1995—2018 年期间，国内外三种专利申请年度状况如图 1-4 所示。

从图 1-4 可知：（1）1995—2018 年期间，国内实用新型专利增长速度最快。2018 年，实用新型申请达到 2063860 件，比 1995 年提高 46.5 个百分点。（2）国内发明专利也保持了较高速的增长，2006 年申请数量突破十万关口，开始大幅上升，一方面表明我国企业对知识产权的认识程度不断加深，通过法律手段保护自有成果，同时也显示出我国技术市场的日益规范化和对跨国公司日益强劲的市场吸引力，这将有利于我国知识产权的保护和市场经济活力的增强。

为了更好地统计分析近年来国内外三种专利申请年度状况，本部分内容着重分析 2014—2018 年期间国内外三种专利申请年度状况。2014—2018 年期间，国内

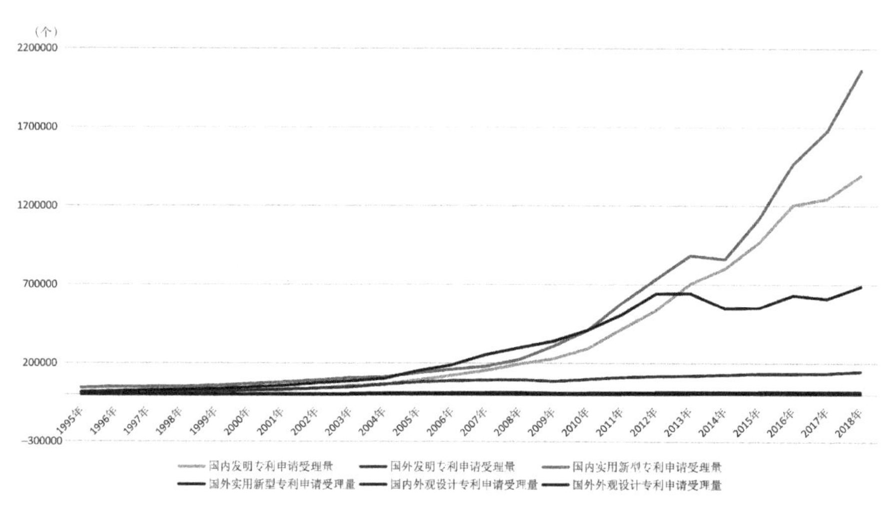

（备注：现有公开数据的统计时间范畴为 1995—2018 年）

图 1-4　国内外三种专利申请年度状况（1995—2018 年）

外发明专利、实用新型专利和外观设计专利的申请数量增长速度较快。其中，国内专利数量申请由 2014 年的 2210616 个，增加至 2018 年的 4146772 个，增幅达到 87.58%；国外专利申请数量由 2014 年的 150627 个增加至 2018 年的 176340 个，增加 17.07%。

2014—2018 年期间，国内外三种专利申请年度状况如表 1-1 和图 1-5、图 1-6 所示。

国内外三种专利申请年度状况（1985 年 4 月—2018 年底）　　**表 1-1**

统计年份（年）		合计（个）	发明（个）	实用新型（个）	外观设计（个）
合计	2014	2361243	928177	868511	564555
	2015	2798500	1101864	1127577	569059
	2016	3464824	1338503	1475977	650344
	2017	3697845	1381594	1687593	628658
	2018	4323112	1542002	2072311	708799
国内	2014	2210616	801135	861053	548428
	2015	2639446	968251	1119714	551481
	2016	3305225	1204981	1468295	631949
	2017	3536333	1245709	1679807	610817
	2018	4146772	1393815	2063860	689097

续表

统计年份（年）		合计（个）	发明（个）	实用新型（个）	外观设计（个）
国外	2014	150627	127042	7458	16127
	2015	159054	133613	7863	17578
	2016	159599	133522	7682	18395
	2017	161512	135885	7786	17841
	2018	176340	148187	8451	19702

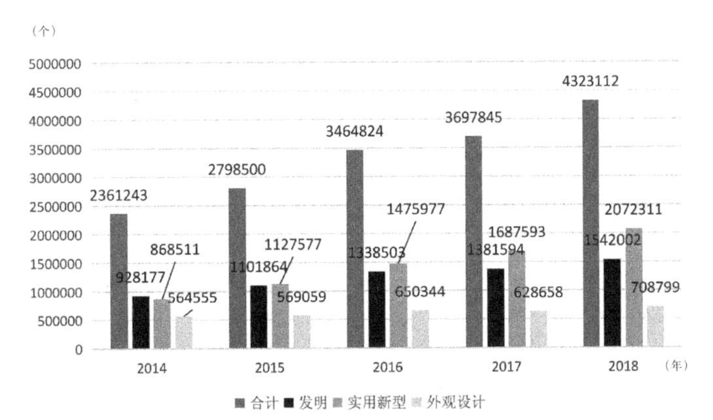

图 1-5　国内外三种专利申请年度状况（2014—2018 年）

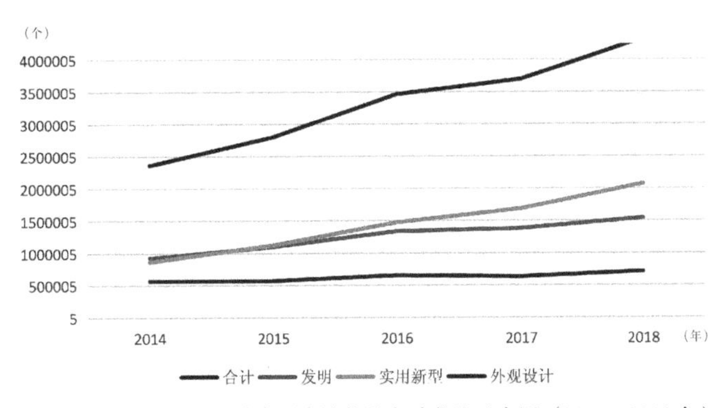

图 1-6　国内外三种专利申请数量变动曲线示意图（2014—2018 年）

2. 发明专利申请与授权情况的国际比较

本书按照《国际专利分类表》（IPC 分类），选取中国、美国、英国、德国、日本以及韩国 6 个国家作为典型样本国家，对“电力的发电、变电或配电”分类领域的发明专利申请与授权情况进行分析，如表 1-2、图 1-7 和图 1-8 所示。

发明专利申请与授权情况的国际比较（电力的发电、变电或配电） 表 1–2

年份（年）	指标	中国（个）	美国（个）	英国（个）	德国（个）	日本（个）	韩国（个）
2015	申请	27570	715	58	604	1739	419
	授权	7369	571	50	372	1471	186
2016	申请	29989	636	62	388	1593	340
	授权	9255	565	42	433	1439	196
2017	申请	30443	571	23	272	1622	254
	授权	11470	502	58	504	1461	306
2018	申请	43122	746	97	586	1952	299
	授权	12953	582	46	495	1399	281

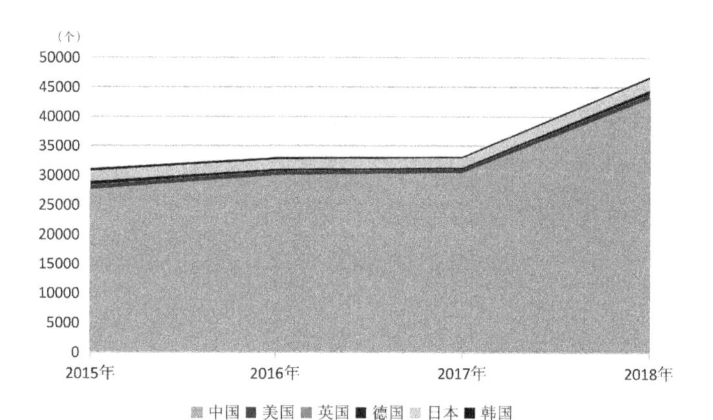

图 1–7 专利申请情况的国际比较（电力的发电、变电或配电领域）

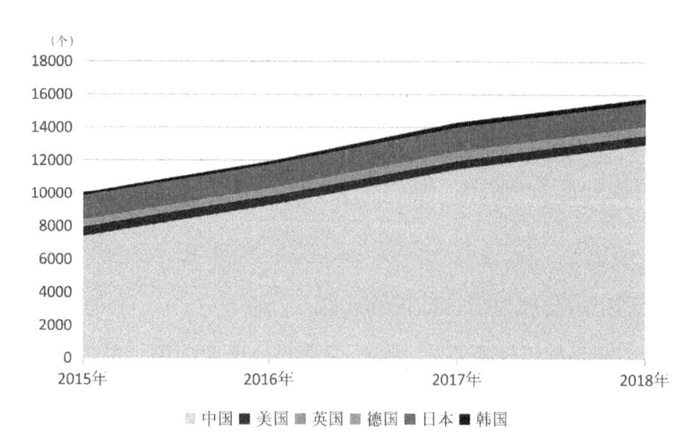

图 1–8 专利授权情况的国际比较（电力的发电、变电或配电领域）

从上述统计数据可以看出，在“电力的发电、变电或配电”分类领域，我国的发明专利申请与授权数量，要高于美国、英国、德国、日本以及韩国。需要注意的是，虽然我国在该技术领域的申请数量和受理数量高于上述其他国家，但并不能直接表明我国的技术水平处于领先的状态，专利的申请和授权数量在某种程度上更为直观地反映了一个国家的技术发展水平。

此外，2019 年中国通过《专利合作条约》（PCT）体系提交了 58990 件申请，年增长率为 10.6%，成为该体系的最大用户。自 1978 年 PCT 体系投入运行以来，美国一直居于榜首，直到 2019 年以 57840 件申请位列第二。在马德里国际商标申请方面，中国以 6339 件申请继续排在美国和德国之后，保持世界第三。华为以 131 件申请位列商标申请人第三名，这是中国申请人首次跻身全球前五。此外，虽然中国目前尚不是海牙体系成员，但来自中国用户的申请已达到 238 件（包含 663 项设计），增长超过 70%，使得中国跻身海牙体系前十大申请人之列。

（四）科技进步贡献

所谓科技进步贡献率是指 GDP 增长额中由于科技进步影响而增长的份额，是衡量科技进步在经济发展过程中作用大小的量化指标。2018 年，我国科技创新能力大幅增强，主要创新指标稳步提升。

$$E=1-(\alpha\times K)/Y-(\beta\times L)/Y \tag{1-1}$$

其中，Y 为产出的年均增长速度，A 为科技的年均增长速度，K 为资本的年均增长速度，L 为劳动的平均增长速度，α 为资本产出弹性，β 为劳动产出弹性。通常假定生产在一定时期内 α、β 为一常数，并且 $\alpha+\beta=1$，即规模效应不变。

根据国家知识产权局公开发表的数据可知，2018 年，我国国际科技论文总量和被引次数稳居世界第二，发明专利申请量和授权量居世界首位。高新技术企业达到 18.1 万家，科技型中小企业突破 13 万家，全国技术合同成交额为 1.78 万亿元。科技进步贡献率预计超过 58.5%，国家综合创新能力列世界第 17 位。

与此同时，根据《2018 年中国专利调查报告》数据显示，2014—2018 年期间，有效发明专利产业化率情况如图 1-9 所示。2014 年调查的有效发明专利产业化率为 33.8%，2015—2016 年调查数据有所上升，2017 年起又呈现下降趋势，有效发明专利的产业化率为 36.2%。2018 年调查结果为 32.3%，相比上年又有所下降。

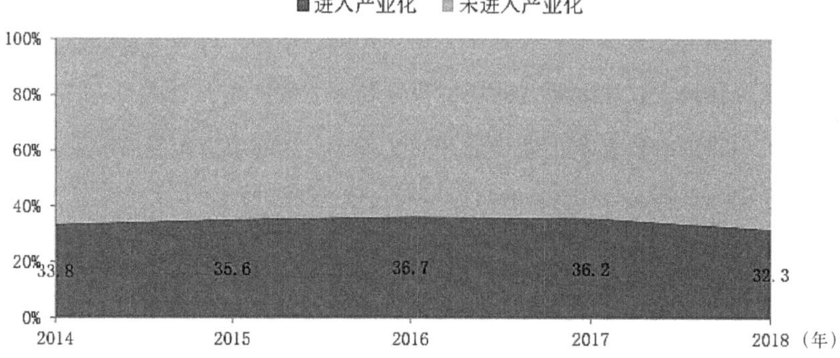

图 1-9 2014—2018 年期间有效发明专利产业化率情况（%）

二、电网企业创新驱动情况

推进科技成果落地应用、促进科技成果转移转化是实施创新驱动发展战略的重要任务，是加强科技与经济紧密结合的关键环节，对于推进结构性改革尤其是供给侧结构性改革、支撑经济转型升级和产业结构调整，促进大众创业、万众创新，打造经济发展新引擎具有重要意义。

近年来，我国电网企业在科技创新的基础前瞻技术、应用技术和技术创新平台三方面，均有了长足的发展，在电网规划、智能化和自动化水平上取得了重要突破。然而，在大数据、超算和人工智能等新兴技术方面储备不足，自主掌握的高端关键核心技术不多，能够支撑国家战略需求的科技成果偏少，重大原创性成果缺乏，需在规避自身劣势、保持既有优势的基础上持之以恒地发展创新，使科技创新成为支撑公司科学发展的重要保障。

专栏 1–1 中国南方电网有限责任公司电网新技术创新驱动情况

2016—2018 年底，中国南方电网有限责任公司累计技术投入 219.7 亿元，其中科技项目投入 53.7 亿元。围绕四大技术领域组织开展科技攻关，承担国家级科技项目 15 项，新建公司科技项目 3678 项。技术创新平台建设稳步推进，完成海南省电网理化分析重点实验室、广东省分布式能源并网与智能配电系统工程技术研究中心、中国南方电网公司防冰减灾重点实验室、中国南方电网公司中低压电气设备质量检验检测重点实验室等 48 个实验室建设。重大科技奖励实现突破，特高压 ±800kV 直流输电工程首次荣获国家科技进步特等奖，累计获得省部级奖励 480 项。专利数量和质量显著提升，累计拥有有效专利 17267 项，其中发明专利 4799 项，专利“适用于多直流馈入电网的动态无功补偿装置的控制方法”首次获得国家专利银奖。下面从基础前瞻重大技术研究、应用技术研究、技术创新平台建设三个方面对相关成果进行总结。

基础前瞻重大技术领域。成功研制世界首台 500kV 高温超导限流器样机，500kV 变压器故障机理研究预警取得重大突破，研制了 100kW 磷酸铁锂电池模块化储能应急电源；研发的变电站机器人智能巡检及倒闸操作监控技术成果经过孵化，成为公司电网首个全自主研发的机器人产品，实现量产；开发了变电站巡检机器人无轨化集群管控系统，研制了全国第一个集群化机器人移动运维中心；建成了国内首个微电网群示范工程，解决了多微电网协调控制及能量优化调度问题；建成了国内第一条电动汽车无线供电车道，实现了电动汽车即停即充、边走边充和不停车供电，解决了电动汽车推广的续航难题；探索氢能消纳富余水电，开展氢储能技术研究，稳步推进氢能综合利用技术突破；掌握了异步联网下复杂大电网协调控制、运行维护技术，逐步提高仿真计算能力；启动实施国家重大研发项目“物联网与智慧城市关键技术及示范”，开展和布局能源互联网、电力物联网技术研究。

应用技术领域。世界海拔最高、设防抗震级别最高的特高压直流输电工程——滇西北至广东 ±800kV 特高压直流输电工程全面投入运行；完成 500kV 变压器全系列故障机理研究及预警系统的开发；建成南网首个卫星地面接收站和卫星数据超算处理平台，提升台风、山火、雷电预警的准确性和及时性；研发高压直流断路器并已投入应用；自主研发的智能管控装置、配电房智能网关已在珠海、江门、云浮等智能电网示范区示范应用；完成智能安全围栏、防漏拆接地线、步骤锁等智能安全防护装置样机研发并具备产业化条件；成功研制国内第一台 110kV 植物油变压器，并在 110kV 芙蓉站成功投入试运行；成功研制全球最大容量 220kV/100kA 短路电流开断装置，并在 220kV 芳村站投入试运行；成功研制 1600kV/125kJ 车载现场冲击耐压成套装备，大幅提高雷电冲击现场试验效率，在 220kV 镜湖站 GIS 间隔完成现场应用；成功研发 10～220kV 电压等级电缆振荡波成套试验装备，大幅降低了国外同类仪器价格；构建南方电网公司 IPv6 网络、IPv4 网络到 IPv6 过渡网络下网络安全防护模型，开发了 IPv6 下溯源分析软件；对拟态安全体系进行研究和应用，构建了公司的拟态防御体系，全面提升互联网应用主动防御水平，拟态路由器和拟态 Web 网关等投入试点运行。

技术创新平台方面。与超导材料制备国家工程实验室共建成立“超导电力材料与技术联合实验室”，提升了超导材料及超导电力设备的研发检测试验能力；编制南方电网新能源研究试验基地建设方案，推进新能源研究中心投入运营；建成了机电—电磁仿真平台，可开展年度运行方式计算、安全稳定控制策略研究、运行仿真等方面的研究，提供潮流计算、暂态稳定、电压稳定、参数优化、故障计算、设备检测试验等计算分析服务；构建了微电网实时仿真平台，具备 300 单相电气节点仿真规模，能够提供微电网中的多种新能源发电、储能及负载的仿真模型；建成了海南省电网理化分析重点实验室，可针对 SF_6 设备、变压器油开展入网检测和缺陷跟踪分析，构建了基于多种特征气体分解物关联的设备故障诊断方法，制定了 SF_6 检测标准，复合绝缘子老化分析及检测；建设了光伏逆变设备检测平台、充电桩检测平台和蓄电池性能检测平台等先进的检测平台；建成了微机型自动测试仪的综合智能检定平台，可开展继电保护专项技术监督工作，对继电保护测试装置、自动化测试装置进行抽检；构建了海南电网设备风险实时评估及灾害预警防御决策平台，具备台风及雷暴灾害因子发展趋势及移动路径预测、设备风险与环境的关联分析。

第二节　电网新技术的应用与发展

本节在分析我国科技创新发展情况的基础上，系统梳理我国电网技术发展历程，分析我国电网技术应用发展现状。在此基础上，以中国南方电网有限责任公司为例介绍南方电网未来的发展格局。

一、我国电网技术发展历程

中华人民共和国成立以来，我国电网技术走过了一条从引进、消化、吸收到自主创新的跨越式发展道路。特别是改革开放以后，电力行业大力加强自主科技创新，电网技术实现了从“跟着跑”到“并排跑”再到“领着跑”的跨越，形成了一批具有国际领先水平的自主知识产权成果，占据了世界电网科技的制高点。

对于改革开放40年来的电网技术的发展，本书以2002年的电力体制改革为标志进行划分：2002年以前，我国电网技术从引进跟跑发展到和发达国家并驾齐驱；从2002年至今，由于电力体制改革进程的不断加深，促进了一系列电网新技术产生并在实践中得到充分利用。

（一）引进追赶：1978—2002年

1978年，中国除西北地区建成一条330kV输电线路外，全国各电网均以220kV和110kV高压输电线为主干线。而瑞典虽然没有煤炭和石油，但早在1952年就已经建成380kV的输电工程。1956年，苏联就建成了一条全长900km的500kV双回输电线路。1967年，美国西部地区已经建成了同步电网，主网架最高电压等级为500kV。加拿大1965年建成了世界首条735kV线路。针对输电技术从低电压等级向高电压等级提升的发展脉络来看，当时的中国与发达国家有着20年的差距。

与此同时，虽然中国省级电网基本形成，但结构薄弱，技术水平比较落后，电网稳定问题突出。改革开放后，面对电力需求快速增长、电网联网范围不断扩大带来的挑战，中国在加快对国外技术引进、消化、吸收的基础上，不断进行自主创新，输变电技术水平逐步实现赶超。1978—2002年期间，我国电网技术发展的里程碑事件如图1–10所示。在这一期间，我国电网技术从最初的全部依赖进口，到不断追赶，尤其在高压交流输电技术方面取得显著进步，并在工程建设中不断应用。

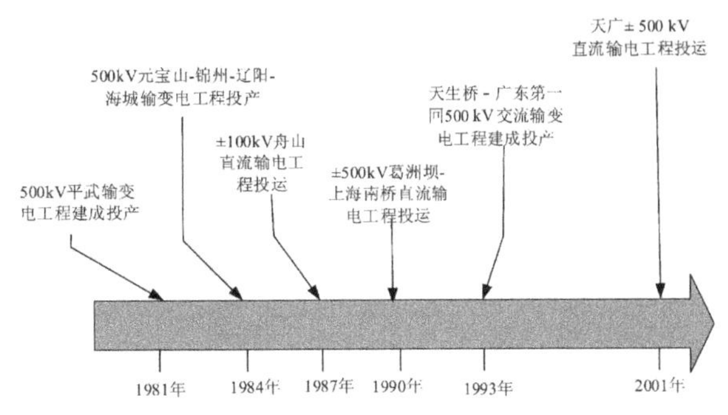

图 1-10　我国电网技术发展的里程碑事件（1978—2002 年）

1981 年中国建成 500kV 平武输变电工程，由此迈入少数发达国家垄断的“500kV 俱乐部”。但是，这条线路从设备到技术全部依靠进口。

1984 年，中国第一条自行设计、施工和制造设备的 500kV 元宝山－锦州－辽阳－海城输变电工程投产。此后，500kV 超高压输电线路逐渐成为中国各省级及跨省电网的骨干网架。

高压直流输电被公认为是大型电力系统中的一种重要输电方式，随着大功率电力电子技术的不断成熟，高压直流输电系统在大容量、远距离输送方面的经济性、稳定性和灵活性等优势日益突出，特别适合中国能源与需求逆向分布的国情。

1987 年，为满足浙江电网跨海向舟山群岛供电的需要，中国建成了自主设计、全部国产设备的 ±100kV 舟山直流输电工程。

1985 年开工、1990 年双极投运的 ±500kV 葛洲坝－上海南桥直流输电工程是中国第一个远距离大容量直流工程。不过，该工程项目的工程设计和设备制造全部由国外承包商承担。

1993 年 8 月，天生桥－广东第一回 500kV 交流输变电工程建成投产。该工程是南方区域西电东送首条输电通道，西起天生桥二级水电站，东至 500kV 广东罗洞变电站，全长 932km，工程于 1989 年 10 月开工，1993 年 7 月投产，送电能力 90 万千瓦。

±500kV 天广直流输电工程是继 ±500kV 葛上直流输电工程之后我国又一个跨省区的大型直流输电工程，它西起广西的马窝，东至广州的北郊，在马窝和广州北郊各设一换流站。2000 年 12 月底完成极 I 系统调试并投运，2001 年 6 月底完成极 II 系统调试，双极投运。是南方区域“西电东送”首条直流输电通道。

（二）从超越到引领：2002 年至今

20 世纪 90 年代以后，随着三峡工程的开工建设和西电东送工程的推进，中国开始兴建一大批 ±500kV 直流输电工程。2002 年至今，我国电网技术实现了从超

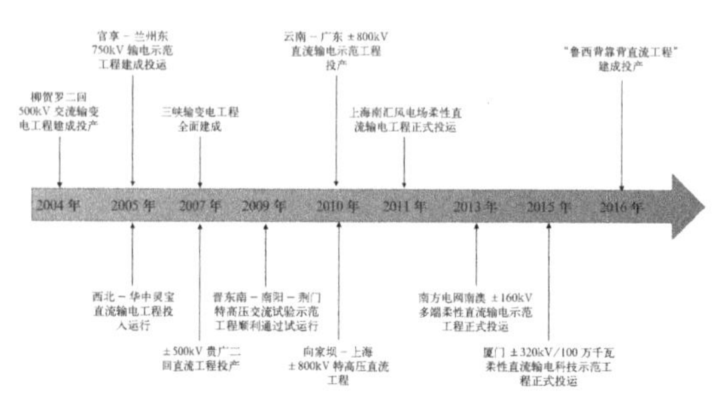

图 1-11　我国电网技术发展的里程碑事件（2002 至今）

越到引领的发展局面，实现了直流控制保护和微机保护的国产化，特高压交流和直流输电技术得到空前的创新发展。这一阶段的里程碑事件如图 1-11 所示。

2004 年 6 月，西电东送大通道之一的柳贺罗二回 500kV 交流输变电工程建成投产，极大地缓解了广东迎峰度夏电力紧张的局面。该工程 2003 年 8 月经国家发改委核准，是电改后首批核准的电网工程项目之一，之后，西电东送工程建设规模迅猛发展。该工程沿途穿越广西、广东两省区 14 个县市，线路全长 475.47km。

2005 年 9 月，全国第一条自主设计、自主设备制造、自主运行管理的官亭－兰州东 750kV 输电示范工程建成投运，填补了中国输变电线路 500kV 以上电压等级的空白，标志着中国电网技术跨入世界先进行列。而且，750kV 输变电工程关键技术研究 29 个子项目，全部为中国独立自主完成，全部拥有自主知识产权。同年，西北－华中灵宝背靠背直流输电工程投入运行，从工程组织建设、系统设计、工程设计、设备制造采购、工程施工和调试全部立足国内，实现了 100% 国产化率的要求，标志着中国直流输电具备了全部自主供给的能力。

以 2007 年三峡输变电工程全面建成为标志，中国电网技术实现了从跟跑、追赶到并驾齐驱的跨越。三峡输变电工程在中国电网发展历程中具有里程碑意义，并获得 2010 年国家科技进步奖一等奖（重大工程）。同年，±500kV 贵广二回直流工程投产，这是中国第一项直流自主化依托工程，综合自主化率达到 70%。依托该工程，高压直流输电工程成套设计自主化技术开发与工程实践，获得国家科学技术进步一等奖。

2009 年 1 月 6 日，我国自主研发、设计和建设的具有自主知识产权的 1000kV 交流输变电工程：晋东南－南阳－荆门特高压交流试验示范工程顺利通过试运行。这标志着我国在远距离、大容量、低损耗的特高压（UHV）核心技术和设备国产化上取得重大突破，对优化能源资源配置，保障国家能源安全和电力可靠供应具有重要意义。

2010年，云南－广东 ±800kV 直流输电示范工程投产，是世界上第一个 ±800kV 特高压直流输电工程，是我国首个完全自主研发、设计、建设和运行的特高压直流输电工程，是目前世界上运行电压最高、技术水平最先进的直流输电工程，是我国能源基础研究和建设领域取得的重大自主创新成果。

专栏 1-2 ±800kV 云广特高压直流输电工程项目技术特点及创新成果

国家发改委于 2006 年 12 月 8 日核准建设云南－广东 ±800kV 特高压直流输电示范工程（以下简称云广直流工程）由中国南方电网公司投资，南方电网超高压输电公司建设。工程于 2006 年 12 月 19 日开工，2009 年 12 月 28 日单极投运，2010 年 6 月 18 日双极投产。云广直流工程是国家“十一五”建设的重点工程和直流特高压输电自主化示范工程，也是世界上第一个 ±800kV 特高压直流输电工程。

一、坚持自主创新，全面攻克了特高压直流输电关键技术，占据了特高压直流输电技术的制高点

在充分借鉴国内外已有成果的基础上，发挥各方面科研力量，立足自主创新，南方电网公司重点开展了云广直流工程对电网安全稳定的影响、外绝缘及污秽特性、过电压与绝缘配合、电磁环境、特高压直流工程标准化、云广直流工程运行技术、云广直流系对南方电网运行影响 7 个方面，66 项前期科研研究工作。依托工程取得设计软件、系统研究和成套设计、过电压和绝缘子配合、电磁环境、主设备参数、换流站无功配置、直流控制保护关键技术研究等重大成果。

二、立足国内，自主研制成功了代表世界最高水平的全套特高压直流设备，推动了我国电工装备制造业的产业升级

在国家有关部委的统一领导下，南方电网公司始终坚持自主创新的核心目标、振兴民族装备制造业的国产化方针和安全可靠的基本原则，按照质量全过程控制的总体思路，全面主导了设备研制的全过程，与各设备制造厂、科研单位以及大专院校通力合作，立足国内，自主研制成功了代表世界最高水平的全套特高压直流设备，掌握了特高压直流设备核心技术，推动了国内电工装备制造业的产业升级。

以我为主、开放创新，全面推动国内设备研制水平。依托工程建设，推进工程设备的研制水平，促进国内外电力装备制造业的发展。其中，大部分关键设备由国内厂家自主研发和制造，国内电力装备制造的创新能力、研发能力、制造水平和管理水平获得全面提升。工程设备综合国产化率超过 60%，换流阀、低端换流变、干式平波电抗器、控制保护系统和 ±800kV 户外支柱复合绝缘子等设备全部在国内制造。

形成了特高压直流设备的批量生产能力。通过技术改造和工程实践，国内制造企业的加工工艺和试验条件步入了世界先进行列，培养了一大批技术和管理人才，实现了产业升级和跨越式发展，在国际竞争中获得了相对优势。

依托工程，立足科研，自主进行系统集成和工程设计，创新研究成效显著。特高压直流输电示范工程是一个全面创新的开拓工程，工程设计没有可遵循的标准和规范，设计方案和技术原则必须建立在系统科研攻关的基础上。工程自主进行系统集成和工程设计，掌握了特高压直流工程设计技术，形成了一大批创新成果。

大力研究施工新技术，全面提升了现场建设施工水平，形成了全套标准化作业程序和质量评定标准。云广直流工程电气设备体积和重量大，线路铁塔高、大、重，并且首次采用六分裂导线，现场施工安装技术难度大、安全风险高、工艺质量要求严、工期时间要求紧，现场建设以里程碑统领全局，推行标准化建设，贯彻全过程精益化管理，提高安全文明施工水平，鼓励和促进技术创新及工器具改革，确保工程安全、优质、高效的建成。

从2008年至今的十多年里，面对电源装机的快速增长对电网输送能力和输送距离提出的更高要求和保障电力供应与优化能源结构双重任务，中国启动了特高压工程建设。随着特高压技术的不断突破和工程的建设运行，实现了输电技术从“中国跟随”到“中国引领”的突破，在技术装备、控制保护、标准体系和输送格局等方面全面引领了世界电力技术发展。

专栏1–3　特高压输电技术

一、特高压交流输电技术简介

特高压交流输电技术是指1000kV及以上电压等级的输电技术，与500kV技术相比，具有大容量、远距离、低损耗、少占地等显著优势，代表了交流输电最高水平。2009年建成投运的晋东南–南阳–荆门特高压交流试验示范工程是特高压交流创新依托工程，也是世界上第一个商业运行的特高压交流工程，在过电压控制、高电压绝缘、潜供电流抑制、全套设备研制四大关键技术方面实现全面突破。

特高压交流输电关键技术、成套设备及工程应用获得2012年国家科技进步特等奖，国际大电网组织评价称：特高压交流试验示范工程的成功建设是特高压交流关键技术和关键设备重要的突破性成果，是世界电力工业发展史上的重要里程碑。工程大幅提升了中国电工装备制造业的装备能力和制造能力，使中国高压设备占据国内市场主导地位，打破多年来由国外厂商垄断高端市场的局面。

二、特高压直流输电技术简介

特高压直流输电技术指±800kV及以上电压等级的输电技术，适用于超大容量、超远距离输电，代表了直流输电最高水平。特高压直流示范工程建成投运是我国自主创新的重大成果。特高压直流输电技术具有输电距离长、输送功率大的特点，是解决我国一次能源分布不均衡，主要负荷中心远离主要能源基地而需要高效输送电能的有效手段。发展特高压输电技术，成为满足我国今后能源安全可靠供应，加快电网技术升级的必要措施。

2010年建成投运的向家坝–上海±800kV特高压直流工程实现了直流输电电压和电流的双提升、输电容量和送电距离的双突破。特高压直流工程取得了三项突破：成功研发出6英寸晶闸管，攻克了系统分析与成套设计技术，解决了过电压和绝缘配合难题。

2011年，上海南汇风电场柔性直流输电工程正式投运，我国实现了柔性直流输电技术从无到有的突破，这是我国具有自主知识产权的柔直工程。

柔性直流是继交流、常规直流之后，以电压源换流器为核心的新一代直流输电技术，是目前世界上可控性最高、适应性最好的输电技术，主要应用在海上风电场接入电网、分布式电源接入电网、远距离大容量输电以及异步联网等领域。

2013年，世界上首个多端柔性直流输电工程——南方电网南澳±160kV多端柔性直流输电示范工程正式投运。该工程是我国在国际直流输电领域取得的又一重大创新成果，为远距离大容量输电、大规模间歇性清洁电源接入、多直流馈入、海上或偏远地区孤岛系统供电、构建直流输电网络等提供了安全高效的解决方案。整个工程所有核心设备均为国内首次研发，实现百分之百自主国产化，是世界上第一个多端柔性直流输电示范工程。

2015 年 12 月 17 日，世界上电压等级最高、输送容量最大的双极柔性直流输电工程——厦门 ±320kV/100 万 kW 柔性直流输电科技示范工程正式投运。

2016 年，南方电网高压大容量的柔性直流工程——“鲁西背靠背直流工程”建成投产，该工程位于云南罗平县，是采用柔性直流与常规直流组合模式的背靠背工程。该工程第一次采用了常规和柔性单元的并联运行模式，柔直单元额定容量 1000MW、直流电压 ±350kV，工程综合自主化率达到 100%。

综上，纵观我国电网新技术的发展历程，实现了从引进追赶到并驾齐驱，再到引领世界电力技术发展与创新。特别是 2002 年电力体制改革释放的改革红利，激发了电网新技术的创新活力。改革红利是技术进步的基础，对快速拉动市场规模起到正向的促进作用，给新技术研发、应用提供广阔的试验田。同时，管理创新是技术进步的催化剂，是本书的研究范畴，起着引导技术需求、判断新技术优劣的作用。

二、我国电力技术发展形势

（一）能源与电力发展形势

“十三五”期间，在能源消费增速放缓、产能过剩、设备利用率持续降低的形势下，在新能源发电、多能互补能源系统、信息互联网等技术的快速发展环境下，能源与电力发展紧密围绕习近平总书记关于能源系统进行“消费革命、供给革命、技术革命和体制革命”四大革命的要求，可再生能源比例大大提高，在能源互联网、综合能源系统等方面取得技术性突破，电力体制改革全面开展并初见成效。

“十四五”时期，将是我国经济由高速增长向高质量发展转型的攻坚期，全国能源行业也将进入全面深化改革的关键期，南方电网的发展面临以下几个方面的形势：新一代能源系统构架、体系逐渐成熟，电力系统在能源系统中的平台作用凸显；可再生能源比例继续增高，分布式发电和接入快速发展；信息、通信技术快速发展，能源系统可观性、互动能力大幅增加；电力市场改革持续深化，投资主体、运营主体多元化，商业模式多样化；国际形势复杂多变，需攻关掌握关键问题的核心技术。

从能源结构调整方面来说，未来可再生能源逐步替代化石能源，分布式能源逐步替代集中式能源，传统化石能源高效清洁利用，多种能源网络的融合、供给与需求的互动协调是未来能源领域发展的趋势。电力作为可再生能源中最为便捷高效的利用方式，作为终端能源消费清洁化的重要途径，作为多能互补能源系统的核心，在清洁低碳能源体系中的作用将显著提升，将成为新一代能源系统的主干平台。先进云技术、大数据技术、物联网技术、移动互联网技术、人工智能技术理念与能源产业深度融合，储能技术、超导技术快速发展，传统研究思维和模式将遇到重大挑战。

电力市场改革继续推进，并将取得一些突破性进展，对电力系统的规划、运行产生颠覆性影响：电源的投资决策更加分散化，电网规划面临更大的不确定性；增量配网改革继续推进，电网投资主体多元化；发用电计划全面放开，调度将由“三公”调度全面转向基于市场报价的经济调度；产生了精细化的分时、分位置价格信号，为电动汽车、储能、微网、需求响应、能源管理提供了商业运营基础。

能源系统形态将发生颠覆性的变化。宏观形态上，随着多能互补、能源综合利用、泛在物联等技术的发展，电力系统的平台性作用凸显，成为链接多种能源的中心，需要发展新一代的能源系统构架。物理形态上，电力系统面临电能变换形式增多、电力变换器种类数量增多、功率与信息双向流动等形势，电力系统出现电力电子化趋势。电力用户的互动性大大增加，电力系统调度、运行的基础发生变化。

（二）电力技术发展趋势

近年来，在互联网、大数据、人工智能、机器人等新兴技术的推动下，以互联网技术为核心，以德国“工业 4.0”和美国“工业互联网”“中国制造 2025”为代表的新一轮变革正在深刻影响传统产业发展，电力装备和技术高速发展。在新的历史起点，把握新时代特点，深入推进创新发展理念，打造具有全球竞争力的世界一流电网企业，是贯彻落实党的十九大精神的具体体现。

随着新一轮工业革命兴起，应对气候变化达成全球共识，电力技术成为引领电力产业变革、实现创新驱动发展的原动力。过去，电力技术主要属于传统技术范畴，近年来，电力技术的发展日益显现出高技术与传统技术交叉、融合的趋势，高技术领域的技术革新使传统电力系统在各个方面逐渐发生变革。

可再生能源快速发展。随着电力市场改革的推进，可再生能源的入网、补贴、全额消纳政策变化，需着重发展高效、低成本的太阳能、风能发电技术。可为电网提供快速调节功能的储能技术快速发展，商业模式逐渐成熟。未来，还需进一步研发输电距离更远、容量更大的特高压直流输电技术，支撑更大范围、更可持续的水电等清洁能源开发与消纳；研发远海岸风电经柔性直流送出关键技术，推动大规模风电开发利用；完善直流配电网成套技术方案，实现配网分布式能源的高效、全额消纳。

电力电子新兴技术迅速推广。电力系统面临电源类型多、电能变换形式多、电力变换器数量多以及负荷类型需求多的结构性变化，电网将从传统的发、输、配、荷的垂直单一模式，转变为含多电力电子变换的功率与信息双向流动模式。未来，还需重点研发谐波抑制关键技术，解决电力系统电力电子化带来的电能质量劣化问题；重新开展系统稳定性分析与谐振阻尼方法研究，解决可再生能源、电力电子化负荷高渗透率情况下的系统稳定运行难题；研制具有潜在市场的电力系统电力电子化过程关键装备。

电网形态多元化发展。可再生能源发电技术及综合能源技术的发展，带来电网形态的颠覆式变化：发展以电力为核心的新一代能源系统，电力系统的平台性作用凸显，成为链接多种能源的中心；变换元件增多，需进一步发展电力电子化电力系统。未来，需要开展对新一代能源系统发展及优化运行技术的研究，提出在新一代能源系统发展背景下的应对策略；强化多模式微电网、多能互补综合能源系统关键技术研究；稳步推进电力市场建设，重点在现货市场相关机制、规则的完善，为电力系统提供分时、分位置的价格信号，促进供给侧、电网侧、用户侧资源的整合和互动。

电网向智能化、数字化转型。信息、通信、智能等技术的发展为电力系统的转型发展提供支持。未来，在信息安全技术方面，针对“云、大、物、移、智”等新兴技术应用和电网业务发展模式的演变，需研究云安全管理和集中控制技术，同时针对大数据平台数据安全保障需求，需研究数据安全态势感知、动态数据脱敏等技术；在大数据和人工智能技术方面，利用电力大数据技术开展跨单位、跨专业、跨业务数据分析与挖掘，以及数据可视化，需结合人工智能领域的最新研究成果，助力生产实际；在通信传输技术方面，需要进一步优化骨干通信网络架构，开发大规模电力通信网络仿真平台，融合5G通信技术与电网技术，形成高度可靠，广泛覆盖的统一电力通信接入网络。

（三）电网技术发展趋势

1. 新能源革命下电网的发展走向

（1）新能源革命的内涵

以可再生能源逐步替代化石能源，实现可再生能源和核能等清洁能源在一次能源生产和消费中占更大份额，建立可持续发展的能源系统，是这一次新能源革命的主要目标。新能源革命的进程将是漫长的，预计持续至少几十年甚至上百年。在这一过程中：煤炭、石油、天然气等化石能源的支柱地位在短期内无法改变，但其比例逐渐下降将成为必然趋势。核能作为零排放的清洁能源，将发挥重要的过渡作用，成为能源支柱之一。新能源革命可能存在多次发展高潮，逐渐使新能源与可再生能源成为人类最为重要的能源品种。

新能源革命是新型能源与可再生能源替代化石能源的过程，主要受到能源品质、能源技术、能源价格等三个因素影响。新能源与可再生能源的可再生性和环境友好性决定了能源更替的方向，是新能源革命的根本驱动力。新能源与可再生能源开发技术和储能技术的突破与成熟，将为能源更替创造条件，是新能源革命的直接推动力。能源价格是能源竞争的关键，只有当新能源与可再生能源在价格上与传统能源具有可比性，能源更替才能通过市场竞争逐渐完成。能源价格受能源政策、技术进步等因素影响，因此科学合理的能源发展战略、技术研发战略将对新能源革命起到巨大的推动作用。

（2）新能源革命下的第三代电网发展

在新能源革命条件下，电网的重要性日益突出。电网将成为大规模新能源电力的输送和分配网络；与分布式电源、储能装置、能源综合高效利用系统有机融合，成为灵活、高效的智能能源网络；具有极高的供电可靠性，基本排除大面积停电风险；与信息通信系统广泛结合，建成能源、电力、信息综合服务体系。按不同发展阶段的主要技术经济特征，电网可分为三代。在世界范围内，第一代电网是“二战”前以小机组、低电压、孤立电网为特征的电网兴起阶段。第二代电网是“二战”后以大机组、超高压、互联大电网为特征的电网规模化阶段，当前正处在这一阶段。第二代电网严重依赖化石能源，大电网的安全风险难以基本消除，是不可持续的电网发展模式。未来电网是第三代电网，是一、二代电网在新能源革命条件下的传承和发展，支持大规模新能源电力，大幅降低大电网的安全风险，并广泛融合信息通信技术，是电网的可持续化、智能化发展阶段。

2. 我国电网技术的发展趋势

1）直流输电技术

在直流输电技术领域，未来的发展趋势主要包括3个方面，具体如下：

（1）常规直流输电技术

在常规直流输电技术方面，一方面电压等级、输送容量和输送距离将进一步提升，将从 ±800kV/10000MW 提升至 ±1100kV/12000MW。另一方面，多端直流输电技术也将是未来电网的一种趋势，不仅可以解决大容量集中落点，电力分配给交流系统带来的压力问题，而且还具备按照负荷需求或电源建设的时序分期建设的灵活性。

（2）柔性直流输电技术

柔性直流技术适合在连接新能源电源、弱交流电网互联、偏远负荷供电等场合，未来将向更高电压、更大容量方向进行发展，主要体现在两个方面：一是提升柔性直流输电的电压和容量；二是柔性直流电网技术。

（3）混合直流输电技术

常规直流输电采用相控换流器（Line Commulated Comerter，LCC），虽然传输容量大、可靠性稳定，但存在易换相失败、无功功率消耗大以及不能运行于极弱的交流系统等不足。然而，基于 FDG 柔性直流输电技术对交流系统强度没有要求，而且运行灵活，但也有开关损耗较大、造价高的不足之处。结合 LCC 和电压源流器（Voltage Source Converter，VSC）的混合直流输电技术一端采用 LCC，另一端采用 VSC，可以对两种换流器进行优势互补，具有广阔的发展前景，是未来的一种发展趋势。国内目前在该领域已经开展了较多的研究工作，工程上也在开展相关的前期工作。

2）交流输电技术

特殊环境下的输变电工程技术在高寒、高海拔地区超、特高压输变电工程越来越多，需要进一步加强高寒环境下的导地线、金具、绝缘子、铁塔钢材、混凝土的机械性能及设计研究，冻土地区铁塔基础选型及设计研究，以及变电站重要设备的选型和布置研究。需要进一步加强 4km 以上海拔环境下长串污秽绝缘子和长空气间隙闪络特性的研究、电磁环境影响的研究、防晕金具设计的研究等。

装配式变电站技术主要体现在三个方面：装配式建筑物、装配式构筑物、模块化二次设备。该技术可以提高变电站建设全过程的建设效率，减少现场接线和调试工作，缩短建设工期。

3）智能电网技术

智能电网属于一种较先进的供电网络，它应能实时监控电网内部的各用户以及相关节点，并能促使发电厂与用户端电器间各点的电流皆可顺利流通，实现完全自动化的供电。智能电网主要是在原有配电网络基础设施上，充分融入现代化的计算机技术、先进的通信技术，建立起来的一种新型供电网络。对于智能电网的智能化，具体说来应主要包含三个层次的含义：一是应能智能化实时监控电网内所包含的任意运行设备。二是应能及时收集所获得的数据，并能及时输送至相关控制中心。三是控制中心应能深入分析并科学处理所收集的数据，对系统运行进行必要的完善处理，实现最优化完善处理整个电力系统。

随着经济社会的发展，由于智能电网将会使电能的利用更加安全、环保、高效，所以被越来越多的国家和地区所接受和认可。基于不同的国情和发展侧重点，其制定的发展战略也各具特色。我国的智能电网应在总结西方发达国家的技术经验之上，结合具体国情，从实际出发，积极推动智能化电网的研究和建设。目前，我国已将智能电网纳入国家的发展战略并推进实施，可以预见，我国智能化电网将步入快速发展阶段，迈向另一个新时代。

从社会发展的长远角度来看，新技术的出现和经济的发展是智能电网产生的先导条件。智能电网的发展是提升电力系统的安全性与可靠性的内在需求，发展智能电网是实现可持续发展的重要举措，智能电网的发展也能够调动市场经济的发展，实现相关电力企业利润的最大化。智能电网的发展势必会带动社会的巨变。

4）电储能技术

储能是指通过介质或设备把能量存储起来、在需要时再释放的过程。储能技术是一项可能对未来能源系统发展及运行带来革命性变化的技术，分为储电与储热，本书主要讨论电能储存技术。我国能源清洁和可持续发展，应尽可能减少煤炭消费，“去煤化”是清洁转型的重要方面。但替代煤电的风电、太阳能发电具有波动性、间歇性，其调节控制困难，大规模并网运行会给电网的稳定安全运行带来显著影响。因此，储能技术将应用于发电、输电、配电、用电的各个环节，提高电网运行效率和安全性。

（1）大规模新型储备技术

未来广泛用于电力系统的储能技术，至少需达到兆瓦级／兆瓦时级的储能规模。目前，抽水蓄能、压缩空气储能、电化学电池储能可达到该级别的储能规模，根据《能源技术革命创新行动计划（2016—2030）》，到2020年将有多个项目示范推广。同时，储能系统大规模集成技术是未来的发展方向，主要包括以下3 个方面。

①大容量电池成组技术。采用大容量单体电池，应用电池标准模块，降低电池系统串并复杂度，弥补电池一致性差异，电池成组技术标准化等。

②储能系统用变流技术。提高动态和稳态性能，优化储能电池的控制、实现控制功能多样化，实现多台变流器并联，模块化、标准化和集成化等。

③储能系统规模化集成技术。解决转换效率、响应速度、出力控制精度、循环寿命管理等问题，储能系统模块化、标准化和大容量化。

（2）灵活储备技术

近年来，我国大力发展可再生能源和分布式发电，鼓励新能源电源并网、利用。未来家庭光伏发电电池储能、社区储能、分布式发电及微电网、电动汽车等，因其灵活性将得到广泛应用。将来，供应侧以新能源为主，用能侧则是清洁、灵活的使用方式。电动汽车作为一种非常重要的灵活负荷和一种储能设施，可以向一些小微电网、微电网、商业区域输电，参与局部的电网平衡；可以为新能源大规模地进入能源系统、并网消纳，提供负荷。电动汽车储能电池接入全球能源互联网，通过合理安排充电时间，辅助电网调峰，实现低谷充电、高峰放电。

（3）新型储能材料

以超级电容器为代表的储能装置，其核心部分是性能优异的储能材料时，才能确保其高功率密度和高能量密度，在系统中使用才是绿色、可持续的。因此，储能技术进步关键在于材料技术突破，出现新型或优化储能材料。随着新型储能材料的出现或储能材料的不断创新发展，在储能元件延长使用寿命、提高能量密度、缩短充电时间和降低成本等方面有望取得重要突破。

（4）坚强智能电网技术

电网建设与储能配套设施建设同样重要。我国能源需求和供应逆向分布，有风、有光的地方电网弱、负荷小。在没有储能设施条件下，消纳能力不够，就不得不弃风、弃光。因此，结合能源资源布局特点和经济社会快速发展的需求，在实施“一特四大”战略的基础上，提出了坚强智能电网的发展理念。坚强智能电网以特高压电网为骨干网架、各级电网协调发展，适应各类电源和用电设施的灵活接入和退出，具有智能响应和自愈能力。

第三节　研究内容、方法和章节安排

一、主要研究内容

随着经济高质量发展和企业提质增效要求，技术革命的孕育推动，电网建设工程植入新技术渐成趋势。纵观现有技术评价方面的研究成果，主要聚焦在技术评估目标、技术评估的层次体系和程序方法等非技术应用能力评估方面。与此同时，电网企业内部也尚未配套电网工程新技术应用能力评估机制，缺乏新技术应用能力评估的手段和方法，从而使新技术在电网工程项目中的应用经济效益无法判别，降低了电网工程新技术的应用成效。因此，开展电网工程新技术应用综合评价研究具有重要的理论意义和实践需求。本书的研究内容为，针对现阶段电网新技术特点，构建电网新技术应用综合效益评价模型，评估待实施科技项目的应用价值，为电网新技术入库提供技术支撑。框架结构如图 1-12 所示。

二、研究方法的选择

（一）文献研究法

本书运用文献研究方法进行大量的具体研究。具体内容包括：电网新技术应用发展现状；评价指标的相关研究现状，从而找出目前研究的不足。因此，本书需要在文献研究基础上进行电网新技术应用综合效益评价体系指标体系的完善，选择相对重要的指标，完成评价指标体系的构建。通过对现有研究文献分析，可以获得已有研究的进展程度与可深入或拓展的研究空间，这是获得研究创新点的重要前期科研工作。

（二）问卷调查法

本书结合电网新技术应用的实际情况，在研究电网新技术应用综合效益评价体系指标的相对重要程度时，运用问卷调查的方法获得指标重要程度所需要的数

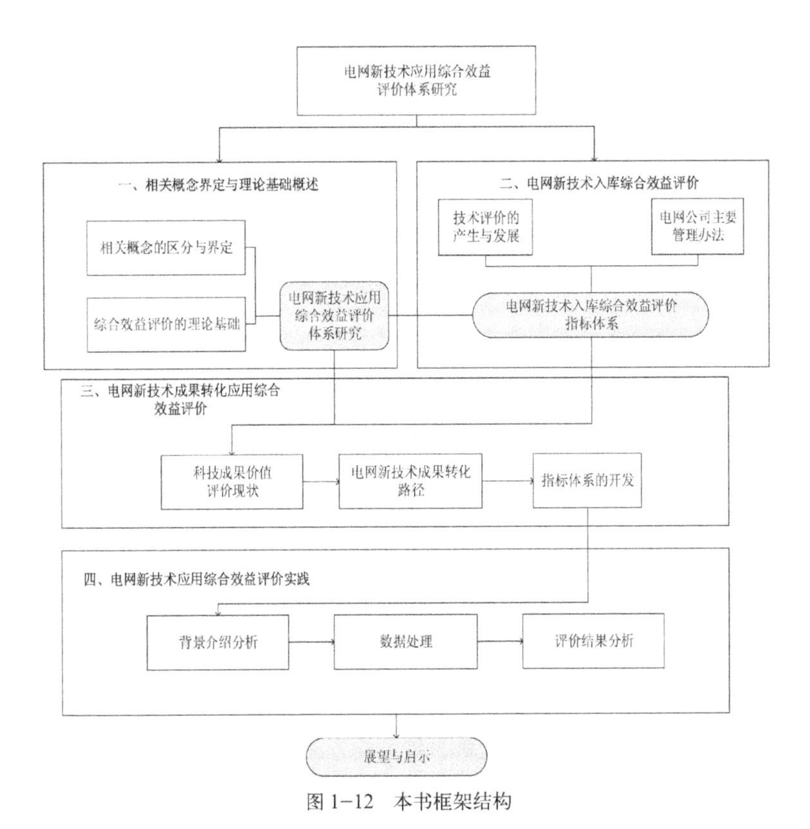

图 1-12　本书框架结构

据。为保证问卷结果的质量，问卷的调查对象被限定在业主单位、施工单位、设计单位、监理单位，以及第三方科研咨询机构等一线管理人员和研究人员。为保证筛选出的指标能够覆盖评价的全过程，本书进行了两次问卷调查，第一次问卷调查是为进行探索性的指标选择，建立初步的评价指标体系；第二次问卷调查是为进行补充和完善。

（三）扎根理论法

基于半结构性题项的专家访谈等质性材料获取方法的采纳是弥补文献不足的一种手段。而采用质性材料分析方法较为困难的是如何将质性材料内涵进行系统性阐释。本书运用扎根理论对通过半结构性访谈所获得的质性材料进行开放性编码、主轴编码及选择性编码三级编码分析，并使用质性材料编码软件 NVIVO 进行计算机操作以降低主观编码所导致的偏差。通过基于扎根理论的质性材料分析，拟获得电网新技术推广应用价值评估维度。

三、本书的章节安排

本书旨在对电网新技术应用综合效益评价问题进行研究分析，关键是清晰界定相关概念，梳理评价指标体系构建的基本原则与方法，构建电网新技术入库综合效益评价指标体系和电网新技术成果转化应用综合效益评价指标体系。在此基础上，将形成的指标体系进行实践应用。依据本书的核心思想，遵循科学问题的层次分析结构，将全书分成7个章节，各章节的主要内容如下：

第一章：绪论。本章节主要聚焦于我国科技创新发展情况、电网新技术的应用与发展两方面。与此同时，为了保证研究内容的科学性与准确性，本书针对研究方法进行选择和确定，并对整体框架进行固化。

第二章：相关概念界定与理论基础。本章节对评价、绩效评价以及综合效益评价等概念的内涵与外延进行界定，对系统工程理论、成本－收益理论以及可持续发展理论等基本理论基础进行梳理分析，为后续内容的研究分析提供理论支持。此外，本章节对评价指标体系的基本构建原则、程序以及方法进行论述分析，为本书后续章节构建相关指标体系提供可借鉴的方法和思路。

第三章：电网新技术应用综合效益评价政策基础。通过从国家层面、行业层面梳理分析电网新技术应用综合效益评价的政策基础文件，指明所解读和分析的政策文件对本书主要核心内容的支撑和指导作用。

第四章：基于扎根理论的电网新技术入库评价模型研究。本章节的核心内容是在已有理论基础和相关政策文件指导的基础上，梳理现阶段新技术入库评价现状、方式方法以及基本程序。通过对相关文本资料整理分析的基础上，基于扎根理论对有关人员进行半结构化专家访谈，筛选并凝练出支撑电网新技术入库评价结构维度及其作用模型，并构建出电网新技术入库评价指标体系。

第五章：电网新技术成果转化应用评价研究。在分析了电网新技术入库内涵、存在问题和研究电网新技术入库评价指标体系的基础上，本章的重点内容是构建出电网新技术成果转化应用价值评价体系。具体来看，首先分析科技成果价值评估现状，厘清电网新技术成果的转化路径。然后，构建电网新技术成果转化应用价值评价指标体系。

第六章：评价案例：500kV肇花博输变电工程。本书选取500kV肇花博输变电工程作为典型案例，在对其工程背景、技术创新点及应用情况描述分析的基础上，遵循指标体系应用以及反馈的思路，对本书所提出的指标体系进行验证分析，并提出相关结论，为电网新技术应用综合效益评价提供参考。

第七章：研究结论与对策建议。本章是对全书的归纳与总结，一是对应本书开篇提出的问题，系统性阐述本书的核心内容和思路，提炼出与研究问题相呼应的研究答案；二是启示，提出本书后续拟开展的要点。

第二章　相关概念界定与理论基础

本章主要从电网新技术应用综合效益评价基本理论基础出发，界定与区分相关概念，对比分析了项目评价、项目绩效评价和综合效益评价之间的异同点，明确了综合效益评价对于电网新技术应用评价的意义。在此基础上，本章提出了与综合效益评价相关的三大理论：系统工程理论、成本－收益理论和可持续发展理论。通过这三大理论，细化了电网新技术应用的经济、社会和生态效益，为电网新技术应用的综合效益评价研究奠定理论基础。最后，本章介绍了评价指标体系的构建原则、建立的基本程序以及评价指标的选择方法。整体框架如图 2–1 所示。

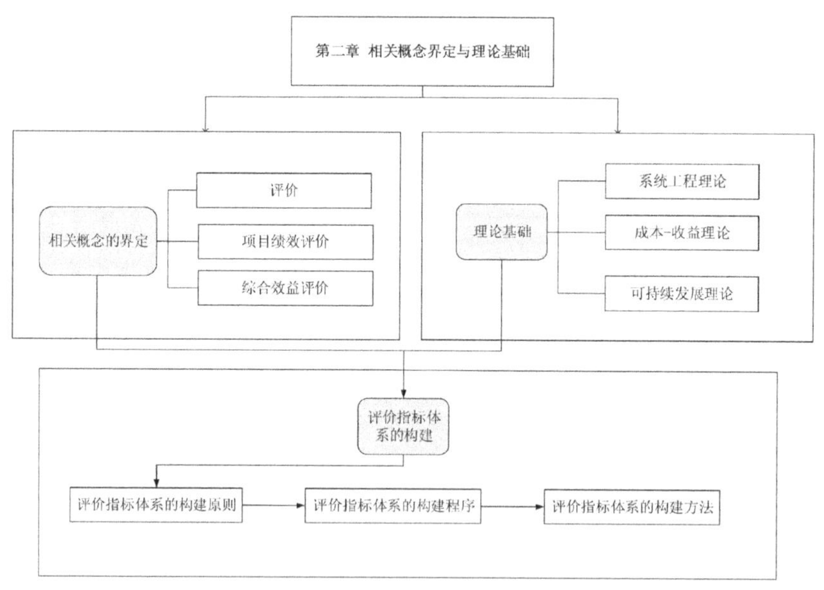

图 2–1　第二章结构

第一节　相关概念的界定

一、评价

评价是一种认知过程，同时也是一种决策过程。所谓评价是指为达到一定目的，参照一定的标准，对特定目标的价值优劣，对一个组织、群体和个体发展结果所处的状态进行分析判断的过程[1]。总体来说，电网新技术应用的综合效益评价就是一个通过使用观察、询问、收集、计算等众多方法对电网新技术应用是否带来综合效益产生判断的综合过程。评价必须具有以下特征：一是，评价的依据具有合理性；二是，评价的标准具有客观公正性；三是，评价的方法具有科学性；四是，评价的结果具有可比性[2]。评价的类型有多种多样，这取决于评价目的、评价对象以及评价依据的信息特征，如图 2-2 所示。

项目评价，是在一个项目的完整生命周期之内，建立适用于项目状况的评价尺度，应用科学的评价理论体系形成一套针对项目整个生命周期内不同时期、不同阶段特点的研究方法[3]。根据项目生命周期不同阶段的特点将项目评价划分为三种类型：项目前评价、项目中评价以及项目后评价[4]，下面本书针对上述三种评价类型分别进行论述分析。

（一）项目前评价

项目前评价是全部项目评价中最重要的一个部分。广义的项目前评价是指在项目前期决策阶段，从整个项目全局出发，根据国民经济和组织发展的需要对项目及其被选方案所进行的全面评价，从而辨别项目及其被选方案的可行和优劣，决定取舍。项目前评价就是在投入应用决策之前，对投入的必要性和项目实施备选方案的技术、经济、运行条件和社会与环境影响等方面所进行的全面论证与评价的工作，为项目投资决策提供支持和保障[5]。

（二）项目中评价

项目中评价是指在项目立项上马以后，在项目的发展、实施、竣工三个阶段，

---

1 苏为华．多指标综合评价理论与方法问题研究 [D]. 厦门大学，2000.

2 冯鸿雁．财政支出绩效评价体系构建及其应用研究 [D]. 天津大学，2004.

3 韩旭．大型公共建筑工程项目综合效益评价研究 [D]. 广西师范大学，2014.

4 https://baike.baidu.com/item/ 项目评价 /2240735?fr=aladdin.

5 https://baike.baidu.com/item/ 项目前评估 /12755305.

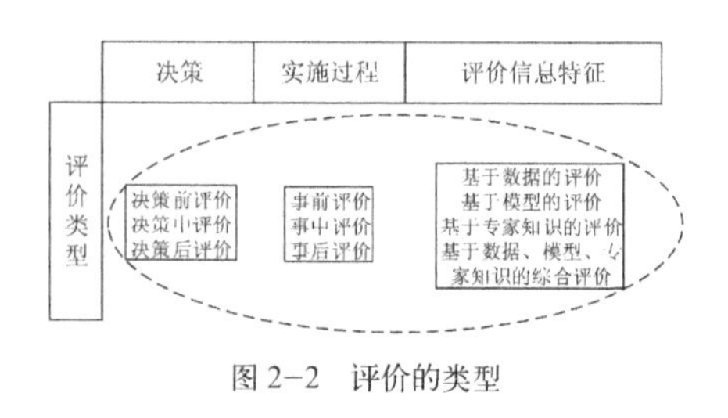

图 2-2　评价的类型

对项目状态和项目进展情况进行衡量与监测，对已完成的工作做出评价。项目中评价的目的在于检测实际状态与计划目标状态的偏差，及时反馈偏差信息，分析偏差产生的原因和可能的影响因素，采取相应的必要措施，改进投入管理，加强相关监督和控制[1]。

（三）项目后评价

项目后评价是指对已经完成的项目或规划的目的、执行过程、效益、作用和影响所进行的系统的客观的分析。项目后评价是通过对投资活动实践的检查总结，将投运后的经济效益、社会效益、生态环境效益与决策阶段目标相比较，对投入的全过程做出客观、科学的评价。进而，通过对评价结果的分析，找出成败的重要因素，总结经验教训，为未来的再投入决策提出建议，同时也为应用实施过程中出现的问题提出改进建议，从而实现投资效益[2]。

二、项目绩效评价

（一）项目绩效评价的内涵

绩效评价是通过对客观性、数量化资料的收集与分析，以数字或百分比的形式表现组织所得到的成绩，利用评价结果，将其与特定的价值标准相比较，对其实现程度及因果关系进行的综合性评判。绩效评价针对管理来定义，是一个主体想要实现何种目标、如何达成目标、进一步是否达成目标的综合性系统化过程。对于企业管理而言，是对企业管理使用经济资源的效果进行评价；对于公共部门管理而言，是指政府的产出能够实现社会公众多大程度的需要[3]。

项目绩效评价是指通过标准、规范的考核方法，适当的评价指标体系，对一个项目从前期计划到中期实施过程以及最后的完成结果均进行综合性的评价和考核。并遵循独立、客观、科学、公正的原则，分析项目的绩效和影响、评价项目

---

1 https://baike.baidu.com/item/ 项目评价 /2240735?fr=aladdin.

2 https://baike.baidu.com/item/ 项目后评价 /2373095.

3 吴瑞珠．政府投资基本建设项目绩效评价指标体系的构建研究 [D]. 天津理工大学，2014.

图 2–3 项目绩效评价与项目后评价的比较

的目标实现程度、总结经验教训并提出对策建议等[1]。项目绩效评价是对项目整个生命周期进行的综合性考核与评价，是对经济、技术、社会、生态和可持续发展等绩效方面都进行客观的衡量比较和综合评判。

（二）项目绩效评价与项目后评价的区别

项目绩效评价与项目后评价都是常见的项目评价研究方法，都是评价主体对评价对象进行评价和考核的活动。两者最大差异在于项目绩效评价是总观整个项目生命周期，而项目后评价则是在项目实施完成后，针对其带来的综合效益进行评价。两者具体差异如图 2–3 所示。

项目绩效评价是以项目实施者关心的目标为出发点，以结果为导向面向过程的，用来权衡项目是否成功以及其利害得失的一种评价方式。相比项目后评价而言，项目绩效评价的出发点更加明确，站在整个项目全过程的整体角度上考虑的影响成果的范围更加全面细致。更进一步，相对于项目后评价而言，项目绩效评价是通过评价的过程，来实现与执行层和管理层更深层次、更有效的沟通，并依据项

1 https://baike.baidu.com/item/ 项目绩效评价 /12753563?fr=aladdin.

目绩效评价结果，为项目管理层找出项目实施与管理过程中的不足，针对相关的有效经验，及时改进项目实施过程。

三、综合效益评价

（一）综合效益评价的内涵

效益包括效果和利益，其本身是指占用和消耗的劳动与所得到的劳动成果之间的比较（一般使用价值的形势来衡量），也可以将效益理解为一定的项目投入而带来的收益，这种收益既包括项目本身能够得到的直接效益又包括项目所附带的间接效益。这些收益不仅局限于经济方面，还可以包括社会、环境或者政治等各个方面。综合效益是指整个项目按照客观条件运行，综合系统的经济、社会、环境多个方面的效益，从而形成一个完整的效益体系。

换句话说，项目的综合效益既包括可以用价值形式来表示的有形的项目直接经济效益，也包括难以用价值或其他量化方式来衡量的环境效益、社会效益等无形的间接效益[1]。综合效益评价即是对经济、生态、社会效益的有机综合，分析不同指标间影响，综合权衡指标比例来构建综合评价模型，同时收集相关数据，运用科学的评价方法来进行的科学分析和评价活动。

（二）综合效益评价与项目绩效评价的区别

综合效益评价与项目绩效评价都是评价主体对评价对象进行综合性考核与评价的活动，以项目投入者对项目评判要求为出发点，评价内容涉及了各个方面，整体上综合效益评价和项目绩效评价相仿，但其在相关概念、评价时间、评价性质和具体评价细则均存在着差异。

由图 2–4 可知，项目绩效评价主要检查项目的绩效是否达到要求，项目是否在进度计划和预算之内，以及项目管理工作开展得如何，项目管理的范围是否正确、是否满足要求。而综合效益评价是从经济、社会和生态三方面建立科学的综合评价指标体系来权衡评价对象是否实现了预期效益，相比项目绩效评价而言，其更看重评价对象带来的结果是否实现了多方利益的统一，而并非只关心项目的实施是否成功。因此，本书以综合效益评价为研究对象，评估电网新技术应用是否做

---

1 韩旭．大型公共建筑工程项目综合效益评价研究 [D]. 广西师范大学，2014.

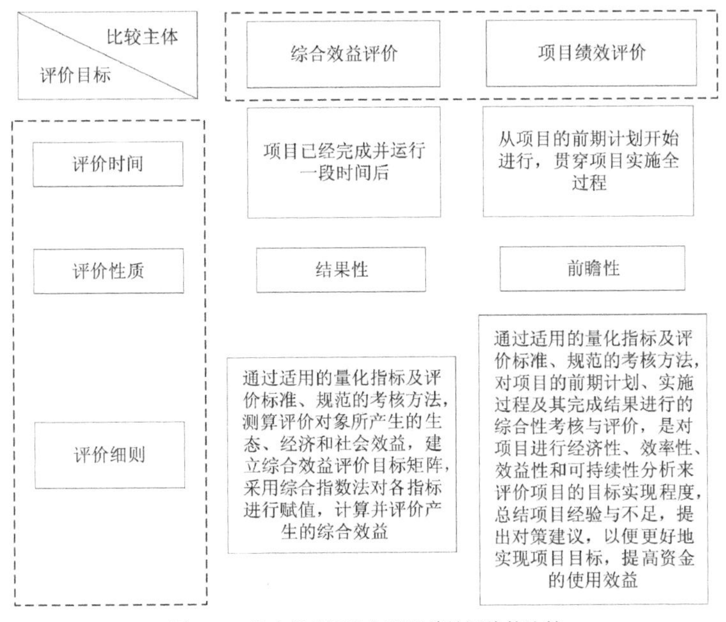

图 2-4　综合效益评价与项目绩效评价的比较

到经济、社会、生态效益的统一，是否达到经济上有利、社会上可接受和生态上平衡。

（三）电网新技术的综合效益评价

电网新技术应用的综合效益评价是一种以结果为导向、面向全过程的管理模式，它是指在电网新技术投入应用后，为考核新技术的应用是否实现了预期的效益并衡量其大小，为技术投入决策提供依据，建立包含经济、社会和生态三个方面的评价指标体系。它是科学评价电网新技术应用效果的依据，也是电网新技术不断推广发展的动力源泉。经济效益、社会效益及生态效益这三个效益彼此依存，相互影响，互相制约，其有机组合便是电网新技术应用的综合效益。在电网新技术应用的综合效益中，经济效益是基础，只有产生了直接的经济增长，技术才能不断创新持续发展下去；社会效益是支撑，电网应用新技术，要充分考虑用电客户的切身利益，提升客户参与度和满意度，实现电网和客户之间的双向互动；生态效益是保障，只有推动能源低碳转型，加快构建清洁低碳、安全高效的能源体系，提高环境的容纳能力与自我调节能力，电网新技术的应用才能得到长期巩固与发展。

第二节 综合效益评价的理论基础

一、系统工程理论

系统工程是组织管理系统的规划、研究、设计、制造、试验和使用的科学方法，是一种对所有系统都具有普遍意义的科学方法。其组织协调系统内部各要素的活动，以实现系统整体目标最优化[1]。系统分析是系统工程的主要组成部分，其主要内容是通过对系统的特定对象进行目标、环境、结构与功能等多方位的分析，向决策者提供系统设计方案和评价意见，实现系统整体目标最优化[2]。

系统分析方法是将研究对象看作一个系统，将系统又作为一个由从属部分组合成的集成整体，来寻求并确立一个能使用与研究对象的数学模型。系统分析方法立足全局，为复杂问题提供了有效的思维方式[3]。它是一个有步骤有目的的分析过程，首先针对所研究的问题提出各种可行策略或者方案，然后对得到的方案和策略进行定性和定量分析，最后对得到的结果进行评价，为决策者提供科学的依据，帮助其提高对问题的认识，以便选择最优的行动方案。

电网新技术应用属于一项综合各项工程措施的系统工程，在电网新技术应用效益评价过程中要从多种角度考虑问题，综合运用多种方法，以系统整体效益最优为准则，科学决策。电网新技术应用综合效益评价，要采用系统工程科学的标准与方法，对电网新技术应用中符合预期的，涉及自然资源、经济、社会、生态各方面的效益进行综合判断。

经济合理：电网新技术应用要在保证电网设备、电网输送和能源等方面利用效率提高的同时，带来边际收益大于边际成本的结果，其中的收益要是政治、经济、社会、生态的综合收益，而不单指某一方面。

生态保护：电网新技术应用不仅要发展经济服务社会，还要保护好我们赖以生存的生态环境，环境保护是可持续发展的出发点和落脚点。电网新技术投入应用，要促进大力发展新能源，以大幅增长的水能、风能、太阳能等清洁能源替代火电，减少温室气体的排放，使能源消耗对生态环境的副作用最小化。

---

1 https://baike.baidu.com/item/ 系统工程 /5121?fr=aladdin.

2 吴华滨．系统工程理论在企业技改项目管理中的应用研究 [D]. 北京交通大学，2004.

3 周广柱．高校科研型人才引进可行性评价研究 [D]. 南京航空航天大学，2008.

社会效益："人民电业为人民"，电网新技术的应用，实现互动化、智能化、多元化的电力综合服务，全方位、一站式响应人民群众的各类用能服务需求，提升客户用电便利度与满意度；办电、交费等用电行为全过程在线，实现了自助预约、进度查看和催办评价，为人民群众提供更加便捷智慧的供电服务，满足人民群众日益增长的电力需求[1]。

制度保障：不仅要逐步完善且规范与电网新技术应用相关方面的法律法规，还要不断出台和完善与电网新技术应用相关的行业标准、技术标准等，为新技术投入电网运用的各个环节标准化、规范化奠定制度基础。

技术支持：电网系统要积极采用先进有效的技术方法，提高电网实际运行效率。建立电力设备外部环境风险因素下的线路故障风险评价模型，来应对大风、雷雨、冰雹等恶劣天气；建立外部气象、智能运检信息与设备运行风险的量化关系，提升设备测算的准确性；建立人工智能深度学习、定制化功率预测模型，实现高精度数值天气预报和功率预测功能[2,3]。

二、成本－收益理论

成本与收益理论是与市场经济相对应的产物。在市场经济条件下，理性行为人的行为选择主要受利益的驱使和成本的制约，去寻求利益最大化和成本最小化。理性行为人投入一定的精力、物质或钱财作为成本，就是为了追求某种收益或效用最大化。当行为的成本上升时，行为的数量就会减少；当行为成本下降时，行为的数量就会增加[4]。

成本－效益分析是一种经济决策方法，通过将某一项目或决策实施的全部成本和可能获得的所有效益一一列出，并进行量化来评估实施项目价值的。成本－效益分析一方面常用于政府项目的投资决策中，来寻求如何用最小的成本去换取最大的收益。另一方面常用于评估社会效益中可以被量化的公共事业项目的投入

---

1 泛在电力物联网建设推进新业态探索新型能源服务[EB/OL]. http://www.chinasmartgrid.com.cn/news/20191008/633889.shtml.

2 西北电网一体化安全智能管控平台助力电网智慧调度与控制[EB/OL]. http://www.chinasmartgrid.com.cn/news/20191015/633951.shtml.

3 李易峰．新疆电力用泛在电力物联网科学调度新能源[N].《中国电力报》.

4 成妍妍．经济学的成本收益理论在防治网络犯罪中的应用[D]. 西南政法大学，2009.

价值，寻求成本最小社会效益最大化[1,2]。

在电网新技术应用投入项目的前期研究阶段，最重要的经济理论是以经济效益分析为核心的成本－收益理论。成本－收益分析是将项目实施需要的成本以及建设项目后得到的收益通过一定的方法来用货币进行表示，并折算一个时间点后，结合当时的社会经济发展水平，进行分析对比。将成本和收益转换成直观的数字，更容易判断电网新技术应用项目的科学性和可行性。一般情况下，建设项目的成本包含了项目实施产生的直接成本、间接成本和时间成本、替代成本等社会成本。直接成本是指在项目实施过程中产生的直接费用支出；间接成本是指由于项目需要管理和规划设计等产生的间接费用支出；时间成本是指整个项目的实施在经历立项审批、实施到完工验收一系列过程后所付出的时间；替代成本则是指当同等的资源用于其余项目，所能得到的最大化收益。效益是成本收益理论的追求目标，效率则是衡量标准。所谓的效率，是指最小投入、最大产出，资源配置的最优化[3]。在电网新技术应用项目中，收益则由经济、社会和生态收益等综合组成。

（一）项目评估

项目评估一般建立在项目的可行性研究基础之上，是从企业整体角度来对拟投资建设项目的计划、实施方法等进行技术和经济上的评价，从而确定投资项目可能的回报程度和未来的发展前景[4]。通常情况下，成本－收益理论是进行项目评估的首要手段。在电网新技术应用投入项目中，只有通过对技术应用投入的成本和收益进行比较评估，才能判断在未来的电网新技术投入使用在经济上是否可行，技术上能否实现。

（二）项目设计方案择优

在电网新技术应用投入规划设计的阶段中，难以避免会遇到不同方案之间比较选择的问题，成本－效益分析法往往用于需要辨析选取哪个方案更加科学合理。一般来讲，综合效益评价中，经济效益评价指标易于通过数学公式或者货币方式进行量化，从而更容易建模来进行比较；而电网新技术应用产生的其余方面，例如社会、生态效益等层面的评价指标难以量化建模比较，因此，在电网新技术应

---

1 https://baike.baidu.com/item/成本收益理论/5302545?fr=aladdin.

2 洪慧．高校数字图书馆成本收益理论及模型构建研究[D]．天津工业大学，2008.

3 陈端端．我国同性结合合法化的法律经济分析——以成本收益理论为视角[D]．广东财经大学，2017.

4 https://baike.baidu.com/item/项目评估/2652463?fr=aladdin.

用投入方案的选择中，绝大多数会采取以经济效益为主的成本－收益理论综合评价法来作为项目方案的选择依据。

三、可持续发展理论

可持续发展包含两层含义，即可持续和发展。没有发展，不存在可持续的需求，然而只注重发展而忽视可持续，长远的发展必会失去根基。可持续发展理论是指既满足当代人的需要，又不对后代人满足其需要的能力构成危害的发展，其最终目的是达到共同、协调、公平、高效、多维的发展[1]。可持续发展理论要求发展必须遵循公平性原则、持续性原则和共同性原则；要求发展必须处理好短期利益与长远利益、短期目标与长远目标的关系，具体表现为人口、资源、经济、社会和环境的全面协调发展[2]。可持续发展理论强调的是经济与环境相协调，即人与自然的关系和谐发展。就电网新技术应用来讲，其本质就是要保证电网新技术应用的发展要建立在生态可持续性发展、社会和谐发展基础上。因此，在电网新技术应用投入过程中，既要满足当代人的能源需求，保证电网供电安全，又要关注其活动的生态合理性，注重生态环境效益，不损害未来人们需要的生存环境。

电网新技术应用是推动绿色、健康、环保的能源社会可持续发展的有效途径。中国经济快速发展的同时正在经历环境的恶化，经济的发展太过于依赖能源要素的投入，使得能源消耗大增，中国正经受着环境污染和能源短缺。电网新技术应用加快发展了可再生能源，推动了清洁能源纳入，提高了电气化水平，缓和了煤炭、石油等能源危机，不仅减少了化石能源消费，提高了能源利用效率，降低了温室气体排放，还促进了电网系统优化，构建了安全高效的能源体系。

第三节　评价指标体系的构建原则、程序和方法

我国电网新技术的应用在数量和质量上取得了很大的提高，电网新技术应用综合效益评价工作受到社会各方，尤其是政府的重点关注，但是由于综合效益考评主体的多样性，缺乏统一的指标体系，因此电网新技术应用综合效益评价指标

1 https://baike.baidu.com/item/ 可持续发展理论 .

2 刘大伟 . 重庆北部新区 EBD 园区可持续发展理论研究 [D]. 重庆大学，2014.

之间无法进行横向比较，形成重复评价。由于电网新技术应用的非营利性等特点，使以经济效益为基础的评价体系无法完全照搬到电网新技术应用中，因此，电网新技术应用的评价需纳入更多关于社会效益和生态效益的定性指标，并将其量化、标准化，使不同的指标之间具有可比性。

本书将在国内外研究的基础上，在结合政府投资发展新技术的综合效益评价目标定位的基础上，选择电网技术应用的综合效益评价指标体系，筛选出适用于电网新技术应用的共性指标。

一、评价指标体系的构建原则

评价指标的选取不同直接会导致评价结果不同。由于评价指标选取涉及很多影响因素，并且不同的人可能对相同的评价主体选取不同的指标，得到不一样的结论。因此，各文献在构建评价指标体系时，都要设定适用该指标体系的构建原则。张博华在“天津市电能替代项目综合效益评价研究”中采用SMART指标构建原则，分别包括：特定性原则(Specific)，可测量性原则(Measurable)，易得到性原则(Attachable)，相关性原则(Relevant)，可跟踪性原则(Trackable)[1]；其余文章更多是根据自身评价体系的内容来确定综合评价指标体系全面系统科学有效又可操作的原则[2~5]。为了确保本书的评价指标选取更加有效，评价结果更加科学、全面、客观，结合上文综合效益评价体系研究的相关文章，电网新技术应用综合效应评价指标的建立必须遵循以下原则。

（一）系统全面性原则

电网新技术应用综合效益评价的指标体系是一个复杂的系统，因此在建立电网新技术应用综合效益评价指标体系时应全面而系统，力求站在整体的角度，真实、全面地反映出电网新技术应用各个方面的主要影响及有关指标间的内在联系。一方面评价指标体系作为一个有机整体，选取的因子建立起来的评价体系要能够覆盖到项目评价的各个方面；出于多方面的综合考虑，在确定评价指标的过程中

1 张博华．天津市电能替代项目综合效益评价研究[D]. 华北电力大学（北京），2017.

2 张欣．分布式光伏发电项目综合效益评价研究[D]. 华北电力大学（保定），2014.

3 刘振龙．河北省蔬菜生产高效用水综合效益评价[D]. 河北地质大学，2016.

4 李晓宇．装配式保障性住房综合效益评价体系研究[D]. 重庆大学，2018.

5 史玉青．基于农业水价综合改革措施的大丰区节水量与综合效益评价[D]. 扬州大学，2019.

要站在适用于电网新技术综合效益评价的整体角度考虑。另一方面，电网新技术应用的综合效益包括了社会、经济和生态环境效益，这三方面属于不同层次，要层层分解，做到系统性与层次性相结合。

（二）特定独立性原则

电网新技术应用综合效益评价指标应当具有代表性，各个评价指标之间既相互联系又有一定的独立性。评价指标体系中，筛选的指标因素必须具有明确的指标含义，具有独立性，内涵清晰，并且指标实质内容之间不能相互重合。与此同时，由于综合效益评价指标体系的构建是为了反映特定评价对象的本质、结构、要素和特征，因此筛选的指标必须具有典型性，必须是能够客观反映与电网新技术应用带来的综合效益的相关的特定指标。

（三）可操作性原则

评价指标体系的建立是为进行评价服务的，在实际的运用中才能体现其价值，因此电网新技术应用的指标体系必须具有较强的现实意义和可操作性，选取的指标应简洁准确且易于量化，数据要可验证、易获取，同时突出时效性、可检验和对比，还应有针对性地选择特色指标，降低信息冗余度，建立可操作性强，简单方便又可以量化的综合效益评价指标体系。对电网新技术应用的综合效益评价本身就是一个大的系统工程，体系指标数目繁多，指标个数选得过多，反映的问题增加，资料收集难度增大，因此，在不影响总评价的基础上，将指标进行融合，减少指标数量。

（四）科学性原则

在构建电网新技术应用综合效益评价指标体系时，必须以科学的理论为依托，即评价要有科学的方法，选取评价指标要有科学合理的逻辑联系，相应指标值的采集、指标权重的确定、数据的选取、计算与合成必须以公认的科学理论（统计理论、系统理论、管理与决策科学理论等）为依据。同时，评价指标体系要立足现有的基础和条件，客观地反映当前电网系统发展环境下，电网新技术应用的综合效益，以便对项目做出正确的评价。

（五）定量指标与定性指标相结合原则

在电网新技术应用综合效益评价指标体系中，有些指标可以通过一些方式得到准确的数据，从而进行定量化处理；然而另一些涉及经济、社会、技术和环境等方面对综合评价也起着主导作用的指标却不能够通过精准计算或查询等方式获得，在这些因素中大部分指标因素很难量化，只能依靠客观的定性描述。因此，鉴于电网新技术应用综合效益评价有此方面的特征，研究者在进行综合效益评价时，为了提高综合效益评价的有效性和全面性，应该采用定量指标与定性指标相结合的方法，将数理化的定量分析与经验评判融合起来。

（六）可比性原则

综合效益评价指标的选择首先尽量要保证具有相关性且同趋势化，使项目评价在横向及纵向上具有可比性。定量指标虽然是易测量的，但不同的指标之间可能有不同的量纲。当定量指标具有不同的量纲时，应该确保这些指标在进行综合效益评价时具有统一的评判标准；定性指标难以用数值测量，可以通过相对应的评价标准，转换为定量指标。当电网新技术应用评价很难找到直接反映综合效益的指标或者指标难以实际操作时，要能从相关效益体现出来的现象进行映射提炼。

二、评价指标体系的构建程序

构建具有科学性的评价指标体系才能使得评价的结果更加切实有效。电网新技术应用的效益包含了经济、社会和生态环境三个方面，本书将根据不同因素对电网新技术应用综合效益的影响程度范围来选择科学系统的评价指标，并进一步构建评价指标体系。

通过上述评价指标体系构建的一些基本性原则，以这些基本原则为指导，结合电网新技术应用的特点，可以构建出电网新技术应用综合效益评价指标体系。指标体系的设计及具体构建步骤包括发散、收敛以及试验修订三个阶段。

（一）发散阶段

发散阶段的主要任务是分解目标，提出详尽的初拟指标。首先要明确电网新技术应用的作用，但鉴于电网新技术应用项目是一个复杂、庞大的工程，其评价所依据的目标一般比较广泛，难以精确。因此，在拟订相应的评价指标时，为使得指标可以被观测到，需要进一步细化、分解原始目标。初拟指标时，一般采用集体讨论的方法，集思广益。召集相关人员，各自详细列出与细分目标有关的所有指标，以求完备全面。这些指标不仅可以是来自各个方面的应用成果，也可以是以往实践总结和评价文献中的研究、相关专家关注的问题和咨询意见等。此外，为了使初拟指标科学有效，应最大范围保证初选指标能够与电网新技术应用综合效益评价进行充分的呼应。

（二）收敛阶段

收敛阶段的主要任务是对初拟的指标体系进行筛选并归纳。在电网新技术应用综合效益评价指标体系初步构建完成后，一方面由于受到人力、物力和时间等方面的现实限制，一次评价不可能回答所有相关范围的问题，初选指标体系可能会存在某些真空领域；另一方面，由于初选指标是尽可能多地囊括所有的想法，其涵盖的领域可能会相互重叠。因此，需要对已构建的评价指标体系进行一定的结构优化，收敛阶段是不可或缺的。收敛阶段的目标是精简评价指标体系，使其更能反映电网新技术应用目标的本质，以确保评价的科学有效性；同时，收敛阶段去除无关、无用的指标因素，突出电网新技术应用综合效益评价的重点，使项目评价具有更强的可行性。

（三）试验修订阶段

经过对初选指标体系筛选、归纳后，电网新技术应用综合效益评价指标体系已经基本构建起来。但由于筛选方法主观性较强，构建的综合效益评价指标体系往往受相关专家人员主观思维所限。因此，在确定了评价指标体系之后，为进一步保证评价指标的科学有效性，还应当制定相应的评定标准，选择适当的评价对象进行试验，来判断指标的达成情况。最后根据试验的结果，完善评定标准，并对评价指标体系进行相对应的修订。

评价指标体系的构建过程如图 2-5 所示，主要包括评价指标的初选，评价指标的筛选，指标体系检验三个步骤。此外，评价指标体系的完善主要是指标体系检验并进一步筛选指标的过程。

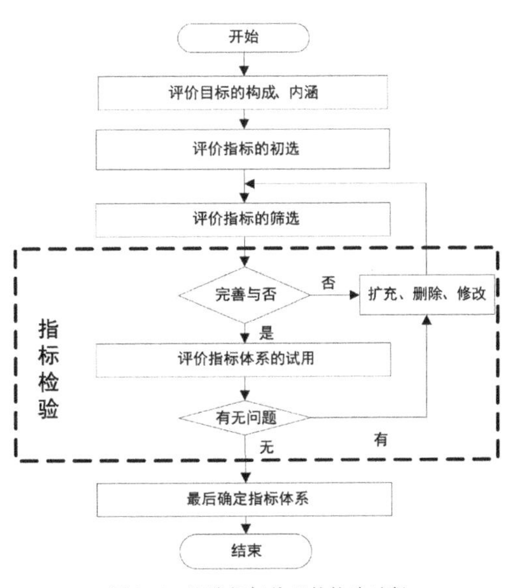

图 2-5　评价指标体系的构建过程

三、评价指标的选择方法

（一）指标初选

评价指标初选是构建综合评价体系的一个重要组成部分，电网新技术应用综合效益评价指标的初选原则是全面而系统，即不需要精准，且允许指标之间有重

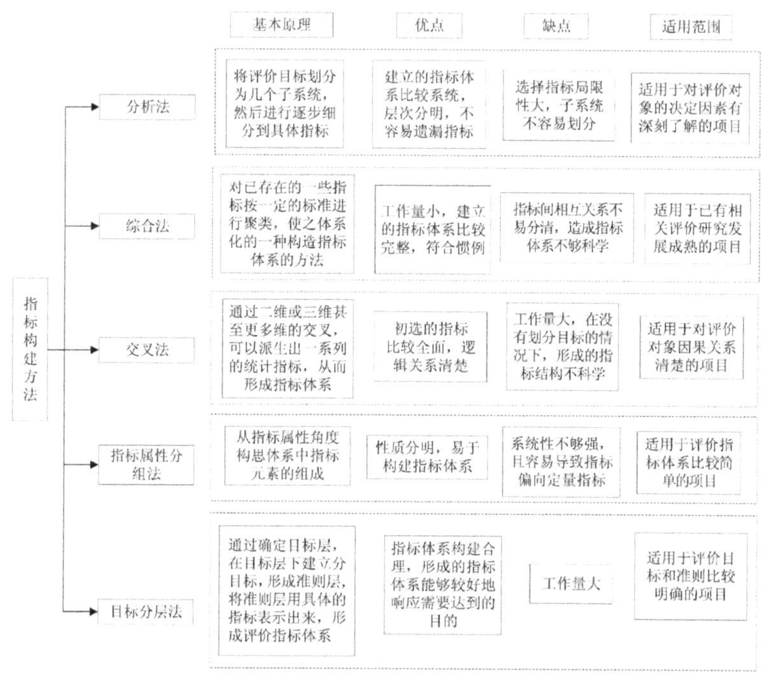

图 2-6 指标体系构建方法比较

合等问题。指标初选常用的方法包括分析法、综合法、交叉法、指标属性分组法、目标层次法[1, 2]。这五个指标初选方法中，分析法是最基本的方法，而综合法则适用于对指标体系的发展和完善，对于这几种方法的比较如图 2-6 所示。

1. 分析法

分析法是将电网新技术应用评价指标体系的综合效益划分为若干个不同的组成部分或不同侧面（即子系统），然后再逐步细分每一个组成部分（即形成各级子系统及功能模块），直到评价指标体系的每一个部分都能够用具体详细的统计指标来描述的方法[3]。分析法所提供的只是对于评价指标体系的单个层面的理解，它还不能从总体上、从各个部分之间的相互联系上来把握整个指标体系。因此，在获取子系统模块的指标时还可以结合问卷调查、文献勾选等方法，使不同指标之间构成有机的联系。分析法是已知指标初选方法中构建综合效益评价指标体系

1 浦军，刘娟．综合评价体系指标的初选方法研究 [J]. 统计与决策，2009(22)：20-21.

2 王慧．电网项目后评价系统研究 [D]. 天津理工大学，2011.

3 缪宛新．火电厂可持续发展的评价模型及案例分析 [D]. 华北电力大学，2007.

最常用、最基本的方法。

2. 综合法

所谓综合法，是对与电网新技术应用相关的大量的原始资料进行整理汇总，计算各种与电网新技术应用综合效益指标，然后针对已经存在的综合指标，按照一定的标准进行聚类，并使之成为体系的一种构造指标体系的方法[1]。对于比较成熟的指标体系，就可以省略聚类的过程，而采用目标层次法或者分析法的结果。

3. 交叉法

交叉法也是构建评价指标体系的一种方法。在电网新技术应用综合效益评价中，交叉法是指通过二维或三维甚至更多维的与电网新技术应用相关层面的交叉，从而派生出一系列的综合效益统计指标，进而形成综合效益评价指标体系的方法。例如，由于经济效益是投入和产出指标的对比，即投入指标与产出指标的对比关系，所以，为获得经济效益的评价指标体系，部分文献常用“投入”与“产出”的交叉对比，延伸评价指标，获得更多的统计指标。一般来说，交叉法更多适用于构建效益、绩效评价的指标体系。

4. 指标属性分组法

不同的指标因其本身具有不同属性，便有不一样的表现形式。在电网新技术应用的综合评价指标体系初选时，可以尝试通过不同指标属性这个角度来构建综合指标体系中的指标元素。通常情况下，一般先将指标分为“静态”和“动态”两大类。接着，再通过“平均数”“绝对数”和“相对数”等角度构建指标元素；也可以将指标分为“定性”和“定量”两类，然后结合分析法、综合法等选定指标[2]。

5. 目标层次法

目标层次法是先通过确定目标层，即评价的目标；接着将评价目标细化，在目标层下建立分目标，形成准则层；然后，用具体的指标将准则层描述出来，从而形成评价指标体系的构建方法[3]。通过目标层次法构建指标体系，电网新技术应用的综合效益评价能够建立响应预期达到目的的客观、合理、科学的综合评价指标体系。目标层次法一般适用于评价目标和评价准则比较明确的项目。

---

1 苏为华．多指标综合评价理论与方法问题研究 [D]. 厦门大学，2000.

2 周鹏．基于复合 DEA 的人才使用效率评价模型研究 [D]. 五邑大学，2006.

3 王慧．电网项目后评价系统研究 [D]. 天津理工大学，2011.

（二）指标调整与筛选

由于评价指标初选求全不求优，不要求指标精准，且允许指标之间有重合等问题，因此指标初选的结果不一定是科学合理或必要的。从结构上看，初选指标体系结构没有看重指标之间数据上的相似，更加强调的是目标的整体与细分，导致初选指标体系内不同层次评价指标之间在计算上存在重叠度；从元素构成上看，初选指标集并未给出评价指标体系的充分必要的指标集合，而只是给出了所有可能的指标全集，这使得指标携带信息有冗余，不同指标间可能会存在严重的交叉现象。综合评价指标体系中的指标冗余现象，会在无形之中放大部分重叠指标的权重，从而使得评价结果不精准、不实际，进一步导致有偏差的决策行为。因此，在得到初选评价指标体系后，必须对其指标集进行筛选、调整，降低各指标之间的重叠度。通过对相关文献的整理，可以发现指标筛选的方法包括主观筛选法、客观筛选法和综合筛选法。

主观筛选法，是通过征询相关领域专家的意见，而作出指标重要性的判断。德尔菲法、层次分析法、专家咨询法等都是这一类型的方法。主观筛选法较为便捷，但是其主观性太强，十分依赖相关领域内专家的经验知识。客观筛选法，是完全根据客观数据，通过数理模型对初始的指标进行推导变动来判断指标的重要性。例如，主成分分析法、聚类分析法、平均方差法、离差法等均是通过客观数据来筛选指标的方法。客观筛选法最终筛选出来的指标可以避开主观因素的限制，但需要统计大量的数据，一定程度上也限制了它的适用性。并且，当数据差异小时，容易忽略重要指标；当数据差异大时，有可能会导致过分注重不那么重要的指标。综合筛选法，是通过主观赋权与客观赋权相结合的方式进行指标筛选。张博华在“天津市电能替代项目的综合效益评价研究”中，采用由主观权重和客观权重所组合成的综合权重，通过矩估计理论对主客观理论进行整合赋权[1]。

---

1 张博华．天津市电能替代项目综合效益评价研究[D]．华北电力大学（北京），2017．

第三章　电网新技术应用综合效益评价政策基础

目前，我国科技成果持续产出，技术市场有序发展，技术交易日趋活跃，但也面临技术落地应用与推广缓慢，技术转化转移链条不畅，人才队伍不强，体制机制不健全等问题，迫切需要加强系统设计，构建符合科技创新规律、技术应用推广规律、技术转移转化规律和产业发展规律的技术推广转化体系，全面提升科技供给、应用推广与转移扩散能力，推动科技成果加快转化为经济社会发展的现实动力。

现阶段，全国各级地方政府和科技管理部门积极贯彻落实，深化科技体制改革，出台并有效推进一系列涉及科技创新、技术创新与推广的政策文件。本章主要从国家层面和行业层面分别梳理电网新技术应用综合效益评价的政策基础文件，一方面有助于把握我国科学技术创新和技术推广应用评价的政策动态和发展形势，了解不同时期、不同部门出具的政策文件的核心要素；另一方面，通过对相关政策的梳理分析，也为后续相关研究工作奠定基础。本章的结构框架如图 3-1 所示。

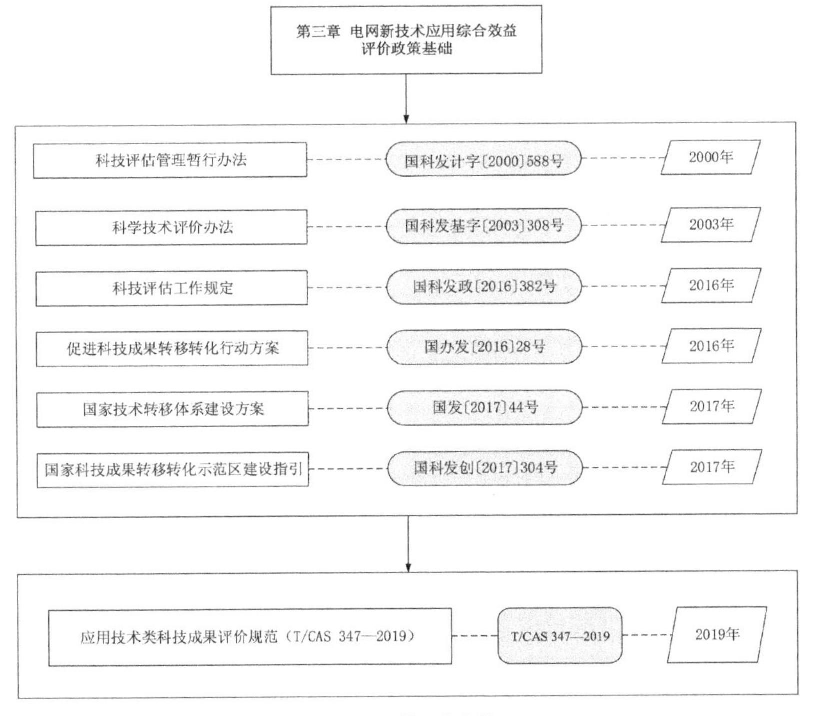

图 3-1　第三章结构

第一节　国家层面政策分析

一、概述

国务院办公厅、科技部等国家部委印发并制定了一系列有关科技成果转化的政策文件，强化科技成果转化和技术转移。根据党的十九届三中全会审议通过的《中共中央关于深化党和国家机构改革的决定》《深化党和国家机构改革方案》和第十三届全国人民代表大会第一次会议批准的《国务院机构改革方案》，科技部是全国科技评估工作的主管部门，负责对全国科技评估工作进行总体组织、管理、指导、协调和监督。

自2000年以来，科技部印发了一系列涉及科技评估的法律法规，为电网新技术入库评价提供了政策基础和支撑。本部分内容将从政策文件名称、文件文号以及发布时间进行梳理，如表3-1所示，涉及《科技评估管理暂行办法》（国科发计字〔2000〕588号）《科学技术评价办法》（国科发基字〔2003〕308号）和《科技评估工作规定》（国科发政〔2016〕382号）等文件。2016年，国务院办公厅印发《促进科技成果转移转化行动方案》（国办发〔2016〕28号）。2017年，国务院印发《国家技术转移体系建设方案》（国发〔2017〕44号），科技部同年制定了《国家科技成果转移转化示范区建设指引》（国科发创〔2017〕304号）。

国家层面颁布的政策　　表3-1

序号	政策名称	文号	发布时间
1	科技评估管理暂行办法	国科发计字〔2000〕588号	2000年
2	科学技术评价办法	国科发基字〔2003〕308号	2003年
3	科技评估工作规定	国科发政〔2016〕382号	2016年
4	促进科技成果转移转化行动方案	国办发〔2016〕28号	2016年
5	国家技术转移体系建设方案	国发〔2017〕44号	2017年
6	国家科技成果转移转化示范区建设指引	国科发创〔2017〕304号	2017年

二、典型政策梳理与分析

（一）科技评估管理暂行办法

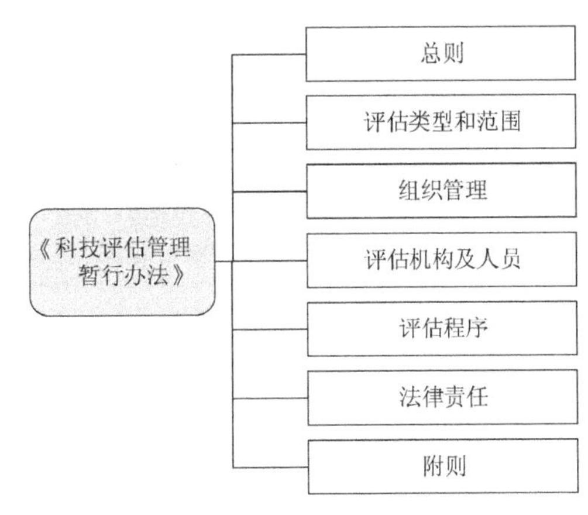

图 3-2　新技术推广应用管理内容与方法

为推动我国科技评估活动健康、有序的发展，加强科技评估活动的管理，2000 年 12 月，科技部颁布《科技评估管理暂行办法》共七章三十八条，七章分别为总则、评估类型和范围、组织管理、评估机构及人员、评估程序、法律责任、附则。如图 3-2 所示。

1. 评估类型和范围

政府行政机关、企业、其他社会组织或者个人对科技活动预测、决策、管理、监督和验收等，可以委托评估机构进行评估。委托方、评估机构和评估对象是科技评估的三个基本要素。

科技评估按科技活动的管理过程，一般可分为事先评估、事中评估、事后评估和跟踪评估四类，具体如表 3-2 所示。

评估类型及主要内容　　表 3-2

序号	评估类型	主要内容
1	事先评估	是在科技活动实施前对实施该项活动的必要性和可行性所进行的评估
2	事中评估	是在科技活动实施过程中对该活动是否按照预定的目标、计划执行，并对未来的发展态势所进行的评估。评估的目的在于发现问题，调整或修正目标与策略
3	事后评估	是在科技活动完成后对科技活动的目标实现情况以及科技活动的水平、效果和影响所进行的评估
4	跟踪评估	是在科技活动完成一段时间后的后效评估，重点评估科技活动的整体效果，以及政策执行、目标制定、计划管理等综合影响和经验，从而为后期的科技活动决策提供参考

2. 科技评估工作的对象和范围

科技评估工作的对象和范围主要有如下9方面内容：科技政策的研究、制定和效果；科技计划的执行情况与运营绩效；科技项目的前期立项、中期实施、后期效果；科技机构的综合实力和运营绩效；科技成果的技术水平、经济效益；区域或产业科技进步与运营绩效；企业和其他社会组织的科技投资行为及运营绩效；科技人才资源；其他与科技工作有关的活动。涉及公共科技投入和影响公众利益的重大科技项目的实施，原则上都应委托具有法定资格的评估机构进行评估。

3. 组织管理

（1）科学技术部

科学技术部（以下称科技部）是科技评估工作的主管部门，负责对全国科技评估工作进行总体组织、管理、指导、协调和监督。其主要职能包括：一是指导全国科技评估活动，创造有利于科技评估工作的环境，保障科技评估工作规范、健康、有序开展；二是发布及修订科技评估的技术规范、标准；三是认定评估机构，核发评估机构资格证书；四是指导科技评估行业协会的工作；五是监督和考核评估机构。

（2）国务院行业主管部门和地方科技行政主管部门

国务院行业主管部门和省、自治区、直辖市、计划单列市科技行政主管部门是本行业和本地区科技评估工作的主管部门，其主要职能如下：一是根据科技部的具体授权，初步审查本行业、本地区评估机构的资格条件；二是推进本行业、本地区科技评估工作发展，指导、管理和监督本行业、本地区评估机构及活动；三是负责评估机构年检，并将年检结果报科技部备案。

在科技评估行业协会正式成立之前，科技部可授权相关机构行使行业协会的职能。从事科技评估业务的评估机构必须持有科技部颁发的科技评估资格证书。科技评估资格证书由科技部统一印制。科技评估可实行有偿服务。科技评估业务收费数额，由委托方与评估机构在委托评估合同中协商议定。国家实行评估机构资信等级管理制度。

4. 评估机构及人员

评估机构可以是具有法人资格的企事业单位，也可以是某一内设专门从事科技评估业务的组织。评估机构从事科技评估业务不受地区限制。

（1）评估机构应当具备的条件

评估机构应当具备如下六方面的条件：一是具有专业化的评估队伍。有十人以上的专职人员，业务结构应当包括科技、经济、管理、财务、计算机、法律等方面，且人员在专业分布上应当与科技评估业务范围相适应；二是评估机构应当建有一定规模的评估咨询专家支持系统，评估咨询专家应包括来自科研院所、大学、企业、行业管理部门等单位的技术专家、经济分析专家、行业管理专家和企业管理专家；三是具备独立处理分析各类评估信息的能力；四是有固定的办公场所和必要的办公条件；五是兼营科技评估的单位或组织除必须具备上述条件外，必须设有独立的科技评估部门；六是科技部规定的其他条件。

（2）科技评估人员应具备的条件及必须遵守的职业道德

作为科技评估人员，应具备如下六方面条件：一是熟悉科技评估的基本业务，掌握科技评估的基本原理、方法和技巧；二是具备大学本科以上学历，具有一定的科技专业知识；三是熟悉相关经济、科技方面的法律、法规和政策及国家或地方的科技发展战略与发展态势；四是掌握财会、技术经济、科技管理等相关知识；五是具有较丰富的科技工作实践经验和较强的分析与综合判断能力；六是须经过科技部认可的科技评估专业培训，并通过专业考核或考试。

科技评估人员必须遵守以下职业道德：一是严格遵守国家有关法律法规，执行国家的有关政策，坚持独立、客观、公正和科学的原则；二是奉行求实、诚信、中立的立场，在承接业务、评估操作和报告形成的过程中，不受其他任何单位和个人的干预和影响；三是不以主观好恶或个人偏见行事，不能因成见或偏见影响评估的客观性；四是自觉维护用户合法权益；五是廉洁自律，不利用业务之便谋取个人私利。

5. 评估程序

科技评估根据不同的评估对象和需求，可以采用不同的评估指标和方法。科技评估的基本程序包括：第一步，评估需求分析和方案设计；第二步，签订评估协议或合同；第三步，采集评估信息并综合分析；第四步，撰写评估报告。如图 3–3 所示。

评估机构根据委托方的需求，在对评估范围、评估对象及评估可行性等方面进行咨询和必要研究分析后，确定评估目标和评估方案。评估方案得到委托方认可后，评估机构应与委托方签订委托评估合同。

评估合同的主要内容应当包括：评估范围、对象，评估目的，评估工作时限，信息采集的范围和方式，评估报告的要求，评估费用的数额与支付方式，允许变

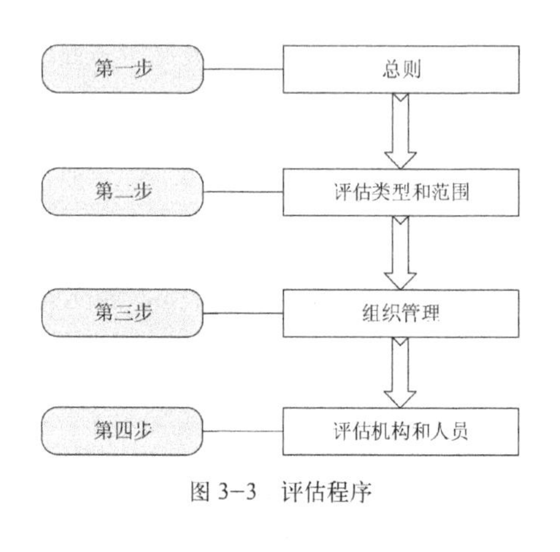

图 3-3 评估程序

通的评估内容及其范围，评估报告的使用方式及使用范围，相关信息和资料的保密，争议的处理方式，当事人提出的其他责任和义务。

评估机构选择科技评估方法应当遵循以下原则：准确反映被评估对象现状；尽可能为委托方所熟悉或易于理解，能够与所获取的评估信息相匹配，具有一定理论和应用基础；尽量降低评估的复杂性，能够满足评估需求。

（二）科学技术评价办法

2003 年 9 月 22 日，为加强和改进科学技术评价工作，建立健全科学技术评价制度，规范科学技术评价活动，正确引导科学技术工作健康发展，科技部制定了《科学技术评价办法（试行）》（以下简称《办法》）。

科学技术评价是科技管理工作的重要组成部分，是推动国家科技事业持续健康发展，促进科技资源优化配置，提高科技管理水平的重要手段和保障。合理有效的科技评价体系对于更好地激发科技人员的创新潜力，营造科技创新环境，促进我国科学技术研究开发与国际接轨，推进国家科技创新体系的建立和发展有着重要意义。

1. 主要内容概述

《办法》主要明确了评价目的、原则、分类方法、评价准则及监督机制，针对各类科学技术活动较为系统地回答了如何评价、依据什么评价等重要问题，用于指导各级科技管理部门制定和完善各类科学技术评价的管理办法和实施细则。《办法》针对当前科学技术评价工作中存在的问题，提出了明确的改进措施和方法：科学技术评价必须有利于鼓励原始性创新，有利于促进科学技术成果转化和产业化，有利于发现和培育优秀人才，有利于营造宽松的创新环境，有利于防止和惩治学术不端行为；明确界定了评价工作有关各方的职责，规定评价费用应由委托方支出，不得由被评价方支出，以保障评价工作的公平、公正；建立评价有关信息公示、公开制度，接受社会监督；规范了评价专家的遴选，要求委托方或受托方组建的常设评价专家委员会或专家组应定期换届，其成员连选连任一般不得超过两届，并应当保持一定的更换比例；积极推行科学技术评价国际化，在保障国家安全和国家利益的前提下，对于无保密要求的重大科学技术活动的评价，可邀请一定比例的境外专家参与；区别不同评价对象，确定相应的评价标准，实施分类评价；确定评价周期，减少评价数量，避免过重过繁的评价活动；建立健全评价机构和评价专家的违规和失误记录档案，建立科学技术评价监督委员会。

2. 基本程序和要求

科学技术评价工作的行为主体包括评价委托方、受托方及被评价方。委托方是指提出评价需求的一方，主要是各级科学技术行政管理部门或其他负有管理科学技术活动职责的机构等；受托方是指受委托方委托，组织实施或实施评价活动的一方，主要包括专业的评价机构、评价专家委员会或评价专家组等；被评价方是指申请、承担或参与委托方所组织实施的科学技术活动的机构、组织或个人。

科学技术评价工作一般应由委托方委托专业评价机构、评价专家委员会或评价专家组作为受托方进行。委托方应对受托方的科学技术评价工作提出明确的规范性要求，并与受托方签订书面合同或任务书。评价费用应由委托方支出，不得由被评价方支出。根据需要或合同约定，评价合同中的评价目标、方法、标准、程序等有关内容应向社会公开，接受社会监督。

受托方接受委托后，应当根据合同约定制定评价工作方案，在取得委托方认可后，独立开展评价工作，任何组织和个人不得干涉。受托方应根据评价对象、内容及评价目标，遴选符合要求的评价专家进行评价活动。根据工作需要，委托方也可以直接遴选、组建评价专家委员会或专家组作为受托方，由受托方独立进行评价活动。受托方可以采取实地考察、专家咨询、信息查询、社会调查等方式，收集评价所需的信息资料，在定性与定量分析的基础上，进行分析研究和综合评价，形成评价报告，按时提交给委托方并由委托方归档保存。

评价结果由评价专家委员会或评价专家组以会议或通信方式评议产生。对重大科学技术计划、项目、成果及重要机构、人员等的评价以及合同有特别约定的，应当采取记名投票表决方式产生。评价专家有不同评价意见的，应当如实记载，并予以保密。

评价结果是委托方进行科学技术决策的重要参考依据，可作为对被评价方的

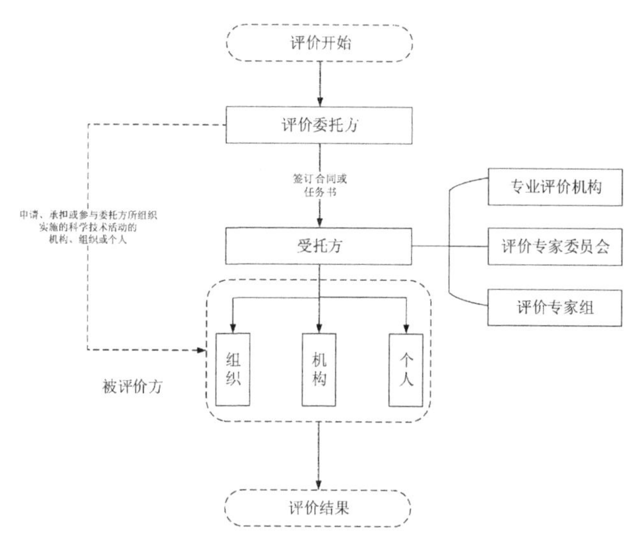

图 3-4　科学技术评价工作流程示意图

科学技术研究与发展给予资助、连续资助或终止资助的依据。依据评价结果所作的决策行为，其责任由决策行为方承担。被评价方要根据正反两方面的评价结果和建议，及时调整、改进自身的科学技术活动。如图 3-4 所示。

3. 评价专家遴选

（1）建立健全评价专家资格审查制度

评价专家应具备的条件包括：一是具有较高的专业知识水平和实践经验、敏锐的洞察力和较强的判断能力，熟悉被评价内容及国内外相关领域的发展状况。二是具有良好的资信和科学道德，认真严谨，秉公办事，客观公正，热心科学技术事业，敢于承担责任。

（2）建立健全评价专家库

评价专家库应包括来自研究与发展机构、大学、企业等单位的科学技术专家、经济学家和管理专家等，并应当根据科学技术的发展趋势和管理工作的需要及时更新。各级科学技术行政管理部门应当会同有关部门和单位，建立跨行业、跨部门、跨地区、跨领域的评价专家库共享机制。

（3）选评价应遵循的原则

遴选评价专家应当遵守的原则包括：

①随机原则。参与具体评价活动的评价专家一般应从评价专家库中依据要求

和条件随机遴选，必要时，可以遴选一定比例的管理专家、经济学家、企业家及用户代表参加。遴选组成的专家委员会或专家组应体现不同学科、不同专业技术、不同学术观点、不同单位和不同地区的代表性，并应当有一定比例的在一线从事实际研究与发展工作的专家参加。

②回避原则。与被评价方有利益关系或可能影响公正性的其他关系的评价专家不能参与评价。已遴选出的，应主动申明并回避。被评价方可以按规定提出一定数量建议回避的评价专家，并说明理由。

③更换原则。委托方或受托方组建的常设评价专家委员会或专家组应定期换届，其成员连选连任一般不得超过两届，并应当保持一定的更换比例。

在保障国家安全和国家利益的前提下，对于无保密要求的重大科学技术计划的制定，优先资助领域的遴选，重大项目与重要“非共识”项目、重要研究与发展机构和人员等的评价，应邀请一定比例的境外专家参与。

4. 科学技术计划评价

科学技术计划评价应以满足科学技术、经济、社会发展和国家安全的战略需求为导向，以促进国民经济和社会发展中重大的科学技术问题以及科学技术前沿重大问题的突破和解决为评价重点。科学技术计划评价主要是针对国家或地方重大科学技术计划（含“工程”和“专项”）的设立和实施效果进行评价，为改进科学技术计划的决策与管理、优化资源配置提供依据。

科学技术计划评价包括前期评价、中期评估和绩效评价，如表 3–3 所示。

科学技术计划评价类别及主要内容 表 3–3

序号	评价类别	主要内容
1	前期评价	是对拟设立的科学技术计划的必要性、可行性及其定位、目标、任务、投入、组织管理等进行评价，为战略决策、计划设计和组织实施提供依据
2	中期评估	是对科学技术计划执行中的进展情况及存在的问题进行评价，为科学技术计划的后续安排和调整提供依据
3	绩效评价	主要是对科学技术计划目标的实现程度、完成效果与影响、经费投入的效益、组织管理的有效性等进行评价，为科学技术计划的滚动实施、调整或终止提供依据

科学技术计划评价一般应选择独立的专业评价机构或评价专家委员会作为受托方。受托方应根据不同类型的科学技术计划，遴选科学技术、经济、管理等相关领域的高水平专家参与评价工作。

5. 科学技术项目评价

科学技术项目评价实行分类评价。根据各类科学技术项目的不同特点，选择确定合理的评价程序、评价标准和方法，注重评价实效。

对重大科学技术项目实行全程评价，包括立项评审、中期评估和结题验收，并可根据需要在项目结题后 2 ~ 5 年内进行后期绩效评价。一般性科学技术项目评价应侧重立项评审和结题验收，实行年度进展报告制度。如表 3–4 所示。

科学技术项目评价分类及内容 表 3–4

序号	评价分类	主要内容
1	战略性基础研究项目评价	战略性基础研究项目评价应以解决经济、社会、国家安全以及科学自身发展中的重大基础科学问题为导向，突出国家目标与科学发展目标的有机结合，以科学前沿的原始性创新和集成性创新、对国家重大需求的潜在贡献以及优秀人才培养为评价重点
2	自由探索性基础研究项目评价	自由探索性基础研究项目评价应以保障科学研究自由，鼓励科学探索和原始性创新为导向，注重对科学价值和人才培养的评价
3	应用研究项目评价	应用研究项目评价应紧密结合经济建设和社会发展的需求，以技术推动和市场牵引为导向，以技术理论、关键技术和核心高技术的创新与集成水平、自主知识产权的产出、潜在的经济效益、社会效益等要素为评价重点
4	科学技术产业化项目评价	科学技术产业化项目评价以建立企业为主体的科学技术成果转化与产业化机制，发展高新技术产业，优化调整产业结构为导向，以培育具有自主创新能力的高新技术企业为评价重点
5	社会公益性研究项目评价	社会公益性研究项目评价研究解决国家战略性公益事业发展的共性科学技术问题，增强科学技术，为重大社会公益问题提供科学技术支撑和服务的能力，为社会、经济协调发展，为人民生活水平的提高提供技术保障为导向，以技术支撑及服务体系的先进有效性、共享与服务的能力和水平，以及潜在的社会效益等作为评价重点
6	科学技术条件建设与支撑服务项目评价	科学技术条件建设与支撑服务项目评价应以为科学技术、经济、社会发展和国家安全等提供科学技术条件支撑和公共服务为导向，以对国民经济、社会和科学技术可持续发展的贡献为评价重点

6. 研究与发展机构评价

研究与发展机构应以加强国家创新体系建设、建立现代研究与发展管理制度为导向，以机构的发展目标与定位、研究与发展能力、人才队伍建设、条件建设与服务水平、运行机制与创新环境建设以及科学技术产出绩效等方面为评价重点。

研究与发展机构评价应委托专业评价机构或评价专家委员会作为受托方进行评价。对基础研究、公益性研究等重要研究与发展机构的评价，应当邀请一定比例的境外专家参与评价。

对研究与发展机构应根据其功能定位、任务目标、运行机制等特点，选择合理的评价方式和标准进行分类评价。如表 3–5 所示。

研究与发展机构评价分类及内容　　**表 3–5**

序号	评价分类	主要内容
1	基础研究机构评价	基础研究机构评价应以原始性创新能力与国际科学前沿竞争力为评价重点，主要评价学科专业方向设置的科学性、学科带头人及人才群体的整体水平和培养能力、国内外合作与交流情况、科研条件共享、成果及论文产出的水平以及在国内外相关领域的地位和影响等
2	社会公益类研究机构评价	社会公益类研究机构评价以其对国计民生和社会可持续发展的技术保障和服务能力为评价重点，主要评价其发展方向与国家需求的一致性、科学技术创新与服务能力、人才队伍整体水平、科学技术成果应用产生的社会效果、科学技术基础条件完善程度、共享水平及服务质量等
3	技术开发类机构评价	技术开发类机构评价以其新技术、新产品和新工艺的研究与开发能力和向现实生产力的转化能力为重点，主要评价其自主知识产权的获取和保护能力、对行业科学技术进步和高新技术产业发展的贡献以及经济效益等。这类机构的评价应以市场评价为主

7. 研究与发展人员评价

研究与发展人员评价以促进形成“公平、公开”的竞争与合作机制和优秀人才脱颖而出为导向，以其代表性产出和业绩、创新潜力和职业道德等为评价重点。评价专家应从科学技术专家、管理专家中遴选产生，并应当邀请被评价人员所在单位的人员参加。研究与发展人员评价应根据其所从事的工作性质和岗位，确定相应的评价标准，进行分类评价，如表 3–6 所示。

研究与发展人员评价分类及内容 表 3-6

序号	评价分类	主要内容
1	从事基础研究工作的人员	对从事基础研究工作的人员评价应重点考察其创新研究能力和潜力、学术水平、工作业绩、学术影响等
2	从事应用研究工作的人员	对从事应用研究工作的人员评价应重点考察其对核心技术、关键技术的创新与集成能力和潜力、工作业绩、获得的自主知识产权等
3	从事科学技术成果转化与产业化工作的人员	对从事科学技术成果转化与产业化工作的人员评价应以市场评价为主，重点考察其推动科学技术成果转化和产业化的能力，及取得的经济和社会效益等，一般不以学术论文发表作为主要评价指标
4	从事条件保障与实验技术工作的人员	对从事条件保障与实验技术工作的人员评价应重点考察其为研究与发展活动提供服务的能力和水平、工作质量、工作责任心、服务的满意度等，一般不以发表学术论文或获得成果、专利为主要评价指标

8. 科学技术成果评价

科学技术成果评价以鼓励创新、加快人才培养、促进科学技术成果转化和产业化、增进科学技术和经济、社会发展密切结合为导向，以科学价值或技术水平、市场前景为评价重点。委托方应根据需要委托专业评价机构或评价专家委员会作为受托方对成果进行评价。各级科学技术行政管理部门一般不对被评价方自行提出的要求组织成果评价。

委托方应减少直接组织的成果评价数量，特别是面向市场的应用技术类成果的评价数量。一般科学技术项目结题验收后不再对成果另行评价，但重大项目或有重要创新、重大价值的成果应根据需要适时进行评价。采用专家推荐制提交评价的成果，应当由三名以上熟悉该领域的专家联合或分别向委托方署名推荐产生。

成果评价应当遴选一定比例的同行专家作为评价专家。在不损害国家安全和利益的前提下，可视情况邀请境外同行专家参与成果评价。成果评价应根据成果的性质和特点确定评价标准，进行分类评价。如表 3-7 所示。

科学技术成果评价分类及内容 表 3-7

序号	评价分类	主要内容
1	基础研究成果	基础研究成果应以在基础研究领域阐明自然现象、特征和规律，做出重大发现和重大创新，以及新发现、新理论等的科学水平、科学价值作为评价重点。在国内外有影响的学术期刊上发表的代表性论文及被引用情况应作为评价的重要参考指标

续表

序号	评价分类	主要内容
2	应用技术成果	应用技术成果应以运用科学技术知识在科学研究、技术开发、后续开发和应用推广中取得新技术、新产品，获得自主知识产权，促进生产力水平提高，实现经济和社会效益为评价重点。应用技术成果的技术指标、投入产出比和潜在市场经济价值等应作为评价的重要参考指标
3	软科学研究成果	软科学研究成果应以研究成果的科学价值和意义，观点、方法和理论的创新性以及对决策科学化和管理现代化的作用和影响作为评价重点。软科学研究成果的研究难度和复杂程度、经济和社会效益等应作为评价的重要参考指标

（三）科技评估工作规定

2016 年 12 月，为有效支撑和服务国家创新驱动发展战略实施，促进政府职能转变，加强科技评估管理，建立健全科技评估体系，推动我国科技评估工作科学化、规范化，依据《中华人民共和国科学技术进步法》《国务院关于改进加强中央财政科研项目和资金管理的若干意见》（国发〔2014〕11 号）、《国务院印发关于深化中央财政科技计划（专项、基金等）管理改革方案的通知》（国发〔2014〕64 号）和有关法律法规，科技部、财政部、发展和改革委联合印发《关于印发〈科技评估工作规定（试行）〉的通知》（国科发政〔2016〕382 号）（以下简称《工作规定》）。

《工作规定》明确了我国科技评估工作的制定依据、适用范围、基本评估原则、职责分工、制度建设、评估分类、评估主体、评估的基本程序、质量控制、结果运用以及能力建设情况，旨在有效支撑和服务国家创新驱动发展战略实施，促进政府职能转变，加强科技评估管理，建立健全科技评估体系，推动我国科技评估工作科学化、规范化。

1. 评估内容

科技评估主要考察各类科技活动的必要性、合理性、规范性和有效性，科技评估分为科技规划评估、科技政策评估、科技计划和项目评估、科研机构评估以及项目管理专业机构评估，具体评估内容如表 3-8 所示。

科技评估内容概述　　表 3–8

序号	种类	主要内容
1	科技规划评估	科技规划评估内容一般包括目标定位、任务部署、落实与保障、目标完成情况、效果与影响等
2	科技政策评估	科技政策评估内容一般包括必要性、合规性、可行性、范围和对象、组织与实施、效果与影响等
3	科技计划和项目评估	科技计划和项目评估应突出绩效，评估内容一般包括目标定位、可行性、任务部署、资源配置与使用、组织管理、实施进展、成果产出、知识产权、人才队伍、目标完成情况、效果与影响等
4	科研机构评估	科研机构评估内容一般包括机构的发展目标定位、人才队伍建设、条件建设、创新能力和服务水平、运行机制、组织管理与绩效等
5	项目管理专业机构评估	项目管理专业机构评估内容一般包括能力和条件、管理工作科学性和规范性、履职尽责情况、任务目标实现和绩效等

2. 评估的分类

按照科技活动的管理过程，科技评估可分为事前评估、事中评估和事后绩效评估评价，如表 3–9 所示。

评估的分类　　表 3–9

序号	种类	主要内容	备注
1	事前评估	是在科技活动实施前进行的评估。通过可行性咨询论证、目标论证分析、知识产权评议、投入产出分析和影响预判等工作，为科技规划、政策的出台制定，科技计划、项目和机构的设立、资源配置等决策提供参考和依据	重要科技规划、科技政策、科技计划应当开展事前评估，评估工作可与相关战略研究或咨询论证等工作结合进行
2	事中评估	是在科技活动实施过程中进行的评估。通过对照科技计划和项目、项目管理专业机构等相关合同（协议、委托书等）约定要求，以及科技活动的目标等，对科技活动的实施进展、组织管理和目标执行等情况进行评估，为科技规划、政策调整完善，优化科技管理，任务和经费动态调整等提供依据	实施周期 3 年以上的科技规划、政策、计划和项目执行过程中，以及科研机构和项目管理专业机构运行过程中，根据工作需要开展事中评估
3	事后绩效评估评价	是在科技活动完成后进行的绩效评估评价。通过对科技活动目标完成情况、产出、效果、影响等评估，为科技活动滚动实施、促进成果转化和应用、完善科技管理和追踪问效提供依据	有时效的科技规划、科技政策、计划、项目实施结束后，以及项目管理专业机构完成相关科技活动后，都应当开展事后绩效评估评价。科技项目的事后绩效评估评价可与项目验收工作结合进行。需要较长时间才能产生效果和影响的科技活动，可在其实施结束后开展跟踪评估评价

3. 组织实施

（1）实施主体

评估委托者、评估实施者、评估对象是科技评估的3类主体，如图3–5所示。

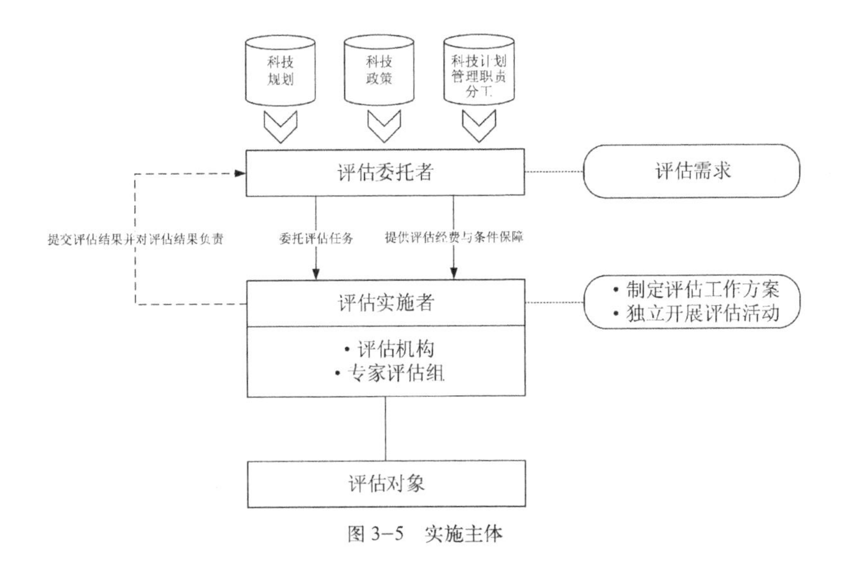

图3–5　实施主体

评估委托者一般为科技活动的管理、监督部门或机构，包括政府部门、项目管理专业机构等，根据科技规划、科技政策、科技计划的管理职责分工，负责提出评估需求、委托评估任务、提供评估经费与条件保障。

评估实施者包括评估机构和专家评估组，根据委托任务，负责制定评估工作方案，独立开展评估活动，按要求向评估委托者提交评估结果并对评估结果负责。

评估对象主要包括各类科技活动及其相关责任主体，应当接受评估实施者评估，配合开展评估工作并按照评估要求提供相关资料和信息。

（2）评估方法

评估方法应当根据评估对象和需求确定，一般包括专家咨询、指标评价、问卷调查、调研座谈、文献计量和案例研究等定性或定量方法。

（3）评估工作的基本程序

评估工作一般包括以下基本程序：制定评估工作方案，采集和处理评估信息，综合分析评估，形成评估报告，提交或发布评估报告，评估结果运用和反馈。根据评估工作方案，评估对象责任主体应当按照要求开展自评价。

在评估过程和评估结果形成环节，评估实施者应当根据工作需要，充分征求评估委托者意见；评估实施者可在评估委托者的允许下，与评估对象责任主体等相关方面沟通评估信息和评估结果。

4. 质量控制

评估委托者和评估实施者在评估合同（协议、任务书等）中，应当明确评估工作目标、范围、内容、方法、程序、时间、成果形式、经费等内容和要求。

科技评估应当遵循科技活动规律，分类开展评估。评估实施者应当根据评估对象特点和评估需求，制定合理的、有针对性的评估内容框架和指标体系。

评估委托者和评估实施者应当制定评估工作规范程序，建立评估全过程质量控制和评估报告审查机制，充分保证评估工作方案合理可行、评估信息真实有效、评估行为规范有序、评估过程可追溯、评估结果客观准确。

评估实施者应当建立评估工作档案制度，实施“痕迹化”管理，对评估合同、工作方案、证据材料、评估报告等重要信息及时记录和归档。中央财政科技计划和项目管理专业机构的评估委托者，应当按相关管理要求将评估报告等评估工作记录纳入国家科技管理信息系统和国家科技报告服务系统。

实行评估机构、评估人员和评估（咨询）专家信用记录制度，对相关责任主体的信用状况进行记录；评估委托者在委托开展评估工作时，应当将有关责任主体的信用状况作为重要依据。

5. 评估结果及运用

评估报告应当包括评估活动说明、信息来源和分析、评估结论、问题和建议等部分。评估委托者建立评估结果反馈和综合运用机制，深入分析评估发现问题的责任主体及原因，全面客观使用评估结果。

评估委托者应当及时将评估结果下达评估对象责任主体，评估对象责任主体应当认真研究分析评估意见、建议和相关整改要求，按照规定提交整改、完善、调整等意见，并改进完善相关管理和实施工作。评估委托者应当跟踪评估对象责任主体对评估结果的运用情况，并将其作为后续评估的重要内容。

评估委托者应当建立评估结果与考核、激励、调整完善、问责等联动的措施。优先支持评估结果好的科技计划、项目、科研机构和项目管理专业机构的设立及滚动实施。把评估结果作为科技规划和政策制定、实施和调整完善等的重要参考条件，科研机构财政支持和项目管理专业机构经费支持的重要依据。对评估结果

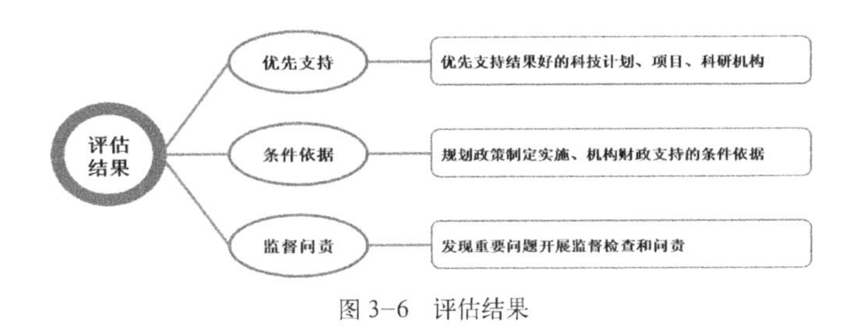

图 3-6　评估结果

和结果运用中发现的重要问题，评估委托者应当按照相关制度规定开展监督检查和问责，如图 3-6 所示。

实施科技评估结果共享制度，推动评估工作信息公开，按照有关规定在国家科技管理信息系统、政府部门官方网站等，对评估工作计划、评估标准、评估程序、评估结果及结果运用等信息进行公开，提高评估工作透明度。

6. 能力建设和行为准则

积极开展科技评估理论方法体系研究和国内外科技评估业务交流与合作，推动建立科技评估技术标准和工作规范，加强行业自律和诚信建设。有关部门和地方积极引导和扶持科技评估行业的发展，建立健全科技评估相关的法律法规和政策体系，完善支持方式，鼓励多层次专业化的评估机构开展科技评估工作。

推动评估信息化建设。评估活动应当利用科技活动组织实施、管理与监督评估中已积累的各类信息和数据，充分运用互联网、大数据等技术手段，发展信息化评估模型，提升评估工作能力、质量和效率。

评估委托者应当提供有关信息、经费、组织协调等资源和条件，保障评估活动规范开展。评估委托者不得以任何方式干预评估实施者独立开展评估工作。

评估机构应当遵守国家法律法规和评估行业规范，加强能力和条件建设，健全内部管理制度，规范评估业务流程，加强高素质人才队伍建设。

评估人员和评估（咨询）专家应当具备评估所需的专业能力，恪守职业道德，独立、客观、公正开展评估工作，遵守保密、回避等工作规定，不得利用评估谋取不当利益。评估（咨询）专家应当熟悉相关技术领域和行业发展状况，满足评估任务需求。

评估对象责任主体应当积极配合开展评估工作，及时提供真实、完整和有效的评估信息，不得以任何方式干预评估实施者独立开展评估工作。

第二节　行业层面政策梳理与分析

一、概述

2019 年 5 月，中国标准化协会发布标准团体《应用技术类科技成果评价规范》T/CAS 347—2019。该标准规定了科技成果评价的术语和定义、评价原则、评价程序、评价要求、评价方法、评价内容和争议处置，适用于科技成果评价机构组织评估人员对应用技术类科技成果相关指标进行评价的第三方评价活动，其他类别科技成果的评价可参照执行。

二、典型政策梳理与分析

（一）评价程序

评价程序包含的主要步骤包括：接受评价申请→审核申请材料→签订评价服务合同→制定评价计划→材料评价→形成评价报告初稿→专家评价→完成评价报告终稿→评价报告终稿送审→报告交付→评价资料归档。

（二）评价指标

评价指标应包括但不限于成熟度、创新度、先进度、经济效益和项目团队。

1. 工作分解结构（以下简称 WBS）建立

工作分解结构的建立应根据被评科技成果的特点，结合图 3-7 所示的通用 WBS 建立被评成果的 WBS。应明确每个工作分解单元（以下简称 WBE）的交付物及其类型。

2. 成熟度等级评价

应结合科技成果的 WBS 进行，应根据证明材料并对比成熟度等级的定义，确定每个 WBE 的成熟度，并按照技术成熟度评价表的格式展示。此外，成熟度等级应经咨询专家审核确认。如表 3-10、表 3-11 所示。

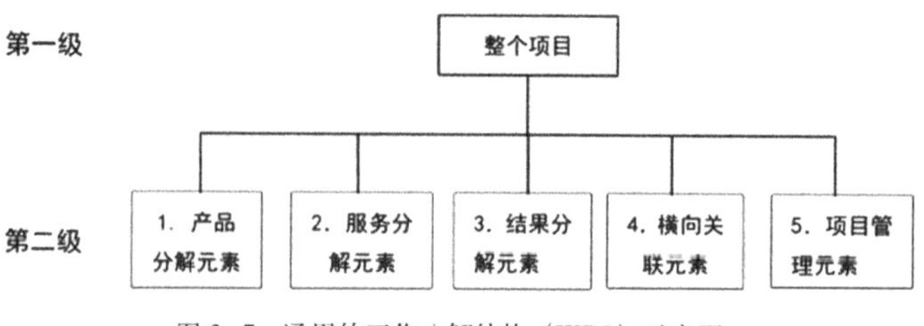

图 3-7　通用的工作分解结构（WBS）示意图

技术成熟度评价表　　表 3–10

WBE 编号	WBE 内容	交付物类型	技术成熟度	证明材料编号

技术成熟度等级一览表　　表 3–11

标准模板		含义
十三级	回报级	收回投入稳赚利润
十二级	利润级	利润达到投入 20%
十一级	盈亏级	量产达到盈亏平衡点
第十级	销售级	第一个实际产品销售合同回款
第九级	系统级	实际通过任务运行的成功考验
第八级	产品级	实际系统完成并通过试验验证
第七级	环境级	在实际环境中的系统样机试验
第六级	正样级	相关环境中的系统样机演示
第五级	初样级	相关环境中的部件仿真验证
第四级	仿真级	研究室环境中的部件仿真验证
第三级	功能级	关键功能分析和实验结论成立
第二级	方案级	形成了技术概念或开发方案
第一级	报告级	观察到原理并形成正式报告

3．创新度等级评价

应结合科技成果的 WBS 进行，所用的 WBS 应与成熟度评价中的 WBS 一致。应明确被评科技成果的创新点及所在的 WBE。应由第三方具有查新资质的机构对所列的创新点进行检索分析，形成科技查新报告。根据查新报告，结合咨询专家的判断，确定被评科技成果的创新度等级。如表 3–12、表 3–13 所示。

创新度评价标准　　表 3–12

级别	定 义
第四级	该技术创新点在国际范围内，在所有应用领域中都检索不到
第三级	该技术创新点在国际范围内，在其当前应用领域中检索不到
第二级	该技术创新点在国内范围内，在所有应用领域中都检索不到
第一级	该技术创新点在国内范围内，在其当前应用领域中检索不到

技术创新度评价表　　表 3-13

WBE 编号	WBE 内容	是否有创新点	创新点描述	证明材料编号

4. 先进度等级评价

应确定被评科技成果的应用领域以及在该领域中发挥的作用，确定体现该作用的核心性能指标。应确定与被评科技成果具有相同应用目的的对照物。应根据证明材料确定被评科技成果和对照物的相关指标值，判定标准确定先进度等级。如表 3-14、表 3-15 所示。

应用技术先进度等级表　　表 3-14

级别	定义
第七级	在国际范围内，该成果的核心指标值领先于该领域其他类似技术的相应指标
第六级	在国际范围内，该成果的核心指标值达到该领域其他类似技术的相应指标
第五级	在国内范围内，该成果的核心指标值领先于该领域其他类似技术的相应指标
第四级	在国内范围内，该成果的核心指标值达到该领域其他类似技术的相应指标
第三级	该成果的核心指标达到所在行业国内标准最高值
第二级	该成果的核心指标达到所在行业国内标准最低值
第一级	该技术成果的核心指标暂未达到上述任何要求

技术先进度评价表　　表 3-15

被评成果			对照物				先进度
指标名	指标值	证明材料编号	名称	级别	相应指标值	证明材料编号	

5. 效益分析

应根据委托方提供的证明材料，确定被评科技成果的经济效益、社会效益和生态效益等。

6. 项目团队

应详细介绍项目团队负责人的相关信息。如表 3–16 所示。

主要完成人员名单　　表 3–16

序号	姓名	性别	出生年月	技术职称	文化程度	工作单位	对成果创造性贡献
1							
2							

第四章　基于扎根理论的电网新技术入库评价模型研究

科学客观的技术评价是获得投资、融资、许可、转让以及合作中对成果价值评判的重要依据和科学决策参考，有利于减少技术交易中买卖双方的沟通和谈判成本，从而提高交易效率。通过行业公认的科学方法对新技术进行评价，有助于研究成果快速获得行业认可，促进电网建设发展，提高电力应用的综合效益。本章在梳理分析新技术评价入库现状的基础上，搭建电网新技术入库评价框架。在此基础上，基于扎根理论对有关人员进行半结构化专家访谈，筛选并凝练出支撑电网新技术入库评价结构维度及其作用模型，并构建电网新技术入库评价指标体系。本章的整体结构框架如图 4–1 所示。

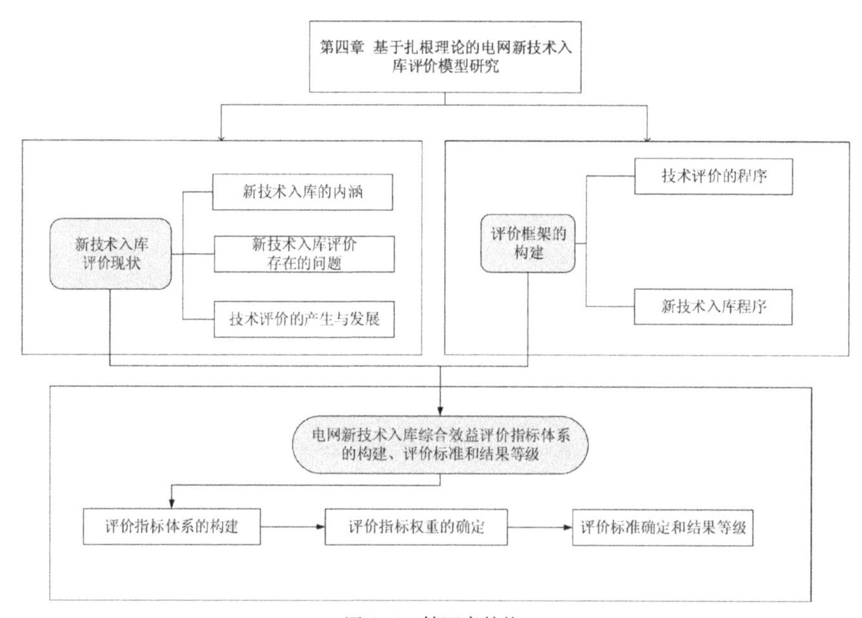

图 4–1　第四章结构

第一节　新技术入库评价现状

一、新技术入库的内涵

新技术是指在提高效率、降低成本、保证电网安全、提高服务质量、节能降耗、环境友好等方面有显著作用，达到先进、适用条件的新技术、新工艺、新材料、新设备。对于通过试验、检测、鉴定、评审、验收，达到先进、适用条件，可进行物资交易的新技术载体，可称为新技术产品。

新技术入库，是指通过科技研发取得的一系列成果进行推广应用和孵化转化的首个评估环节。科学的新技术入库评价，将有效提升科技成果应用转化的质量与效率，增强应用转化成功率。

二、电网新技术入库评价存在的问题

随着经济高质量发展和企业提质增效要求，技术革命的孕育推动，电网建设植入新技术渐成趋势。新技术的应用也随着工程的建设运营而带来显著的经济叠加效应，一方面依托新技术，如建设期的施工新技术、基于新技术研发的新装备，运营期的设备运维新技术等，能够优化工程全寿命周期技术经济指标，提升工程全寿命周期技术经济性；另一方面，新技术的应用发展，也必将带动上下游高新技术企业或科研机构单位的效益增长，从而促进社会经济发展。

缘于对现实情境的持续关注，电网新技术成果呈现出成果复杂化与应用薄弱化的发展趋势。纵观现有电网企业新技术成果，存在三方面的问题与困难亟待完善和解决：一是对核心关键的电网技术研发程度不够，在一些重大、关键以及核心的原创性新技术成果存在欠缺，没有自主知识产权；二是在电网新技术成果方面，部分研究成果处于闲置状态，主要缺乏新技术入库评价体系；三是对于入库评价的新技术存在研发基础的现象。如图 4–2 所示。

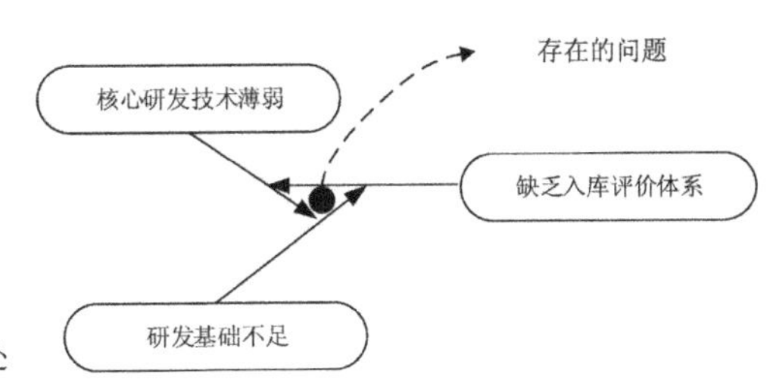

图 4–2　存在的问题与不足之处

三、技术评价的产生与发展

（一）技术评价的产生

技术评价起源于美国，当时美国在科技领域取得了巨大成就，对经济发展起到了重要推动作用。但与此同时，环境污染、生态平衡的破坏造成了极大的负面影响，产生较大的负环境效益。于是，技术评价开始受到关注和重视，并以政策分析工具的形式涌现。关于技术评价的定义，美国图书馆和科学基金会都曾作过描述，总结起来可以归纳为通过系统性地收集、调查和分析有关技术及其可能产生的广泛影响，提供信息支持，帮助制定科学系统的管理办法。因此，在国外典型国家中，技术评价已经成为一种制度化的经常性工作，折射出人们对技术与问题之间价值关系的全面认识，以及技术应用产生综合效益的客观评价。

最早的技术评价可以追溯到20世纪初，一些国家对国家科学技术的评价分析。技术是把“双刃剑”，在促进经济高速发展的同时，给社会生态环境带来的巨大危害使人们深受困扰。如何平衡发展与可持续之间的关系，唤起人们重新认识技术，把握技术。因此，为了更好地利用技术，同时防止其对社会生态环境的负面影响，“技术评价”首先在美国兴起。美国众议院科学技术委员会开发分会于1966年首次在其研究报告中使用“Technology Assessment”（“技术评价”，简称TA）一词，提出了必须进行技术评价工作与建立早期预警系统，该报告在西方引起了各国极大的关注。1970年，白宫科学技术局委托美国智囊团之一的MITRE公司研究开发技术评价的方法论。美国国会图书馆将其定义为：技术评价是有目的地监视技术变革各种效果，从最初的短期影响到长期的影响，其间包括费用效益、经济效益等因素，从而为管理决策部门提供较全面的参考，起到时间效应评估和预警作用。

由此可见，技术评价是一个动态过程。美国国家科学基金会则将技术描述为：技术评价是一系列的全面研究，从技术引入到技术扩散、技术改造，全面考察它在各环节产生的社会效应，特别强调非预期、间接的和滞后的结果。它的主要作用是鉴别人类社会朝着预期方向发展需要什么样的技术，预测引入新技术后将导致什么样的新问题以及为了减少或者避免技术消极效果应该采取的措施。而日本科学技术厅和产业审议会则认为技术评价的重要作用在于事前防御，通过对技术的开发、试验和应用等全过程进行预测，总体把握，使技术的消极影响降至最低，朝有益于人类、自然和社会的方向发展。谈到技术评价体系不能不提及世界上享有盛誉的美国国会技术评价办公室（Office of Technology Assessment，OTA），其主要任务是对重大的新技术进行技术评价，其评价的主要内容包括三方面：一是对技术或者技术发展计划的影响进行评价；二是分析技术的正反两方面的影响及产生原因；三是对正在实施的技术或者技术发展计划考察其是否存在更好的替代方案。最后，其需要向国会提供相应的支撑材料，提醒国会一些新技术的使用和可能带来的影响。随后，由于一些外部原因（如党派斗争），以及 OTA 自身原因（如工作速度慢），无法满足国会决策要求，双重因素导致 OTA 机构于 1955 年 9 月 30 日正式被撤销。但是从成立至今，其技术评价价值不仅没有被否定，反而映射出了实际发展中对技术评价的更高需求。自从美国 MITRE 公司 1970 年开始研究技术评价，一些欧洲国家如荷兰、英国、法国和德国，以及日本，均纷纷成立类似技术评价研究机构，服务于国家和各企业的技术评价。

（二）评价技术的发展

技术评价在欧美等发达国家起步较早，经过 30 多年的发展研究，已经形成了在技术评价、理论与方法选择等方面的成熟体系，并已经制度化[1]，明确了技术评价的目标、技术评价的层次体系和技术评价的方法、程序。技术评价广泛应用于各个领域，如农业、工业、医药、高新科技产业等，通过技术评价，可以更好指导技术应用，形成科学支撑体系，促进技术升级改造，提高生产效益。例如，美国俄克拉荷马大学对海底石油采掘的技术评价方法是，根据当今社会的能源实际需求和资源的替代情况，最后选定实地调查和文献查阅的方法来研究石油采掘的技术现状，通过对现有技术的评估，针对性地改良，并结合现状，预测未来新技术的发展方向，同时，对当前技术实施和未来技术替代的费用进行评估，最后确定未来新的技术替代方案。此外，技术评价也在制氢技术[2]、数字化牙模植入[3]等领域起着重要的指导作用。

1 陈锋，周业如．科技项目后评估工作实践与探索[J]．安徽电气工程职业技术学院学报，2008，13(3):95-99.

2 Miltner A，Wukovits W，Proell T，et al. Renewable hydrogen production：a technical evaluation based on process simulation[J]. Journal of Cleaner Production，2010，18(supp-S1):0-0.

3 Rosati R，Menezes M D，Rossetti A. Digital dental cast placement in 3-dimensional，full-face reconstruction：A technical evaluation[J]. American Journal of Orthodontics & Dentofacial Orthopedics，2010，138(1):84-88.

目前，技术评价在欧洲进展迅速，欧洲的许多政府部门越来越认识到技术评价对于欧洲经济、科技可持续发展的重要作用和贡献，并且广泛运用于药物管理[1]、智慧城市建设[2]等。

从目前已发布的新技术评价标准如《农业科技成果评价技术规范》GB/T 32225—2015、《应用技术类科技成果评价规范》T/CAS 347—2019以及相关学者开展的研究工作来看，对各类技术成果的评价主要从成果的技术水平和成果应用的效益两个主要方面进行评价，其中技术水平的评价主要涉及技术先进性、技术成熟度等评价指标。效益方面则主要包括经济效益和社会效益两个方面，同时随着社会大众对生态环境的关注，部分评价体系中也加入了对生态效益的评价。

虽然不同研究工作中对具体评价指标的计算方法有所差别，但是考虑到科技创新成果水平的难量化性和直接经济效益的可量化性等综合特点，评价指标的计算方法多采用定性＋定量的方式，专家打分或者鉴定评审的意见在评价过程中需要发挥重要的作用，对于部分复杂度较高、难以确定的指标如风险分析，则尝试采用了聚类等数据分析方法。本标准主要是开展各类农业科学技术活动所产生的具有一定学术价值或应用价值的评价，由具有一定资质的科技成果评价机构按照规定程序，运用有效的方法，对农业科技成果进行审查与辨别，并对其效果和影响进行判断的过程。

应用开发类成果评价指标主要从技术指标、效益指标和风险指标三方面来构建。技术一级指标下构建创新性、先进性、稳定性、成熟度和知识产权5个二级指标，来评估技术的创新比重、复杂难易程度、可靠程度、成果应用阶段以及所享有的专利权等。效益一级指标下构建经济效益、社会效益和生态效益3个二级指标，来评估技术的资金占用情况、对社会的贡献和对人类的生态环境影响。风险一级指标下构建技术风险、市场风险、政策风险和自然风险4个二级指标，来评估技术缺陷、市场供求波动、政策变动一级自然力导致的危害等。应用开发类成果评价指标体系如表4-1所示。

---

1 光红梅，王庆利．欧洲药品管理局复方药物非临床评价技术要求[J]．中国新药杂志，2012(16):1846-1848.

2 佚名．欧洲智慧城市的技术实践[C]// 2014（第九届）城市发展与规划大会论文集——S08智慧城市、数字城市建设的战略思考、技术手段、评价体系．2014.

应用开发类成果评价指标　　表 4-1

技术指标	创新性
	先进性
	稳定性
	成熟度
	知识产权
效益指标	经济效益
	社会效益
	生态效益
风险指标	技术风险
	市场风险
	政策风险
	自然风险

第二节　电网新技术评价程序及入库程序

一、新技术评价程序

对于不同类型、不同要求的电网新技术评价活动，在实施过程中，每个阶段的具体步骤可以有所侧重。电网新技术评价程序主要包括新技术评价准备、新技术评价方案设计、新技术评价信息搜集以及评价分析综合等四个阶段，电网新技术评价程序及支撑要素如图 4-3 所示。

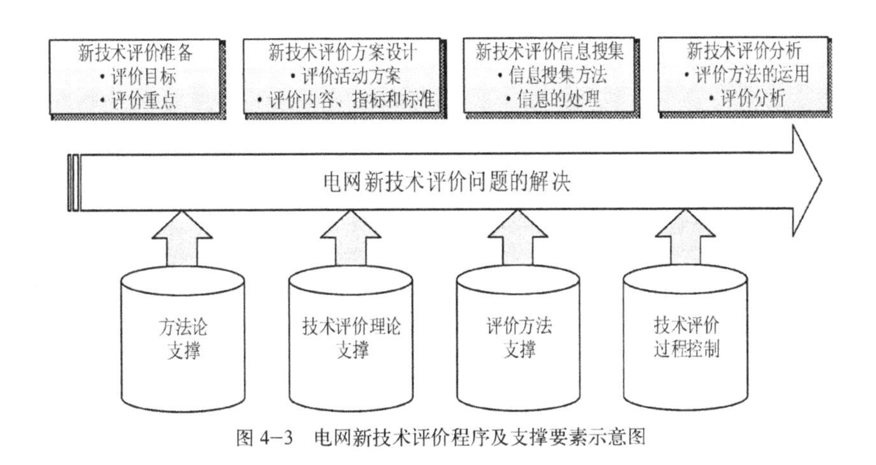

图 4-3　电网新技术评价程序及支撑要素示意图

（一）新技术评价准备

新技术的评价必须符合新技术评价范围和标准，有利于行业技术进步、生产力提高或者对环境有益，工艺、设备或者材料等的性能性指标必须具备可认证性。

如果技术满足上述要求，相关利益主体就可以向具备技术评价资质的技术评价机构提交预申请，由评价机构来确定预申请的合格性、可靠性和有效性，并且对申请技术评价应该提交的评价材料进行初步规划。该阶段主要的任务就是确定评价活动的目标和重点、收集有关的资料和信息、评价机构与委托者就上述问题达成共识并且签订评估合同 / 协议。

（二）新技术评价方案设计

本阶段的主要工作内容包括根据准备阶段的准备，确定新技术评价活动的类型，从而奠定评价方案设计的基础。在此基础上，提炼技术评价的问题，并且按照重要性排序。针对技术评价所需要解决的问题，设计新技术评价的框架，包括技术评价的内容、重点、所需采纳的标准、指标体系的设计及修正、技术评价的假设条件。

（三）新技术信息的获取

为了保证足够的时间对数据进行综合分析，信息获取是技术评价工作质量保证的重要环节。评价数据信息的采集过程包括设计抽样方案、调查问卷和调研提纲，发放及回收问卷和调查表，同时按照评价设计方案的要求，选择咨询专家，进行各种数据信息的调查，包括案例调查、专题面访、实地调研及网上采集信息等。在数据采集之后，还必须对采集的各类数据信息进行分类、整理和初步分析，为技术综合评价做准备。在完成数据检验和初步分析之后，如果某些关键数据信息缺乏、不符合要求或难以确定其置信度，则需要采取补救措施，进行必要的补充调查。

（四）新技术评价分析

按照阶段三“新技术信息的获取”评价设计中提炼的评价问题和评价框架，对数据信息进行分组，形成评价问题单元。

运用相应的评价方法，从回答问题的角度，对数据信息进行分析，分别形成对评价问题的判断。在对评价问题判断的基础上，运用综合评价方法进行综合分析评价，形成技术评价初步结论，技术评价初步结论首先是关于被评价对象的分类、等级划分或排序表，根据评价合同的要求，有时也要提供全部或部分个体的评价结论。

在对被评价对象的分类、等级划分或排序表进行核查、验证和必要的调整的基础上，对评价初步结论进行确认或修正，形成正式评价结论。

二、入库评价程序

（一）入库要求

电网新技术入库的基本要求如下：

（1）入库技术应在提高效率、降低成本、保证电网安全、提高服务质量、节能降耗、环境友好等方面有显著作用，达到先进、适用条件的新工艺、新方法、新材料、新设备等。

（2）入库技术采取“宽进严出”的储备原则。

（3）以成果转化为导向，引导科研人员以未来科技成果转化、应用落地并产生最大效益为最终目标，合理控制研发成本，提升科研项目投入产出率。

（二）入库程序

公司生产技术部负责新技术的筛选和入库评价工作，邀请中介机构进行初步筛选，生产技术部牵头，根据技术性质及成熟度提出意见，经研究后入库并实时更新、定期发布。入库评价的基本流程如图4–4所示。

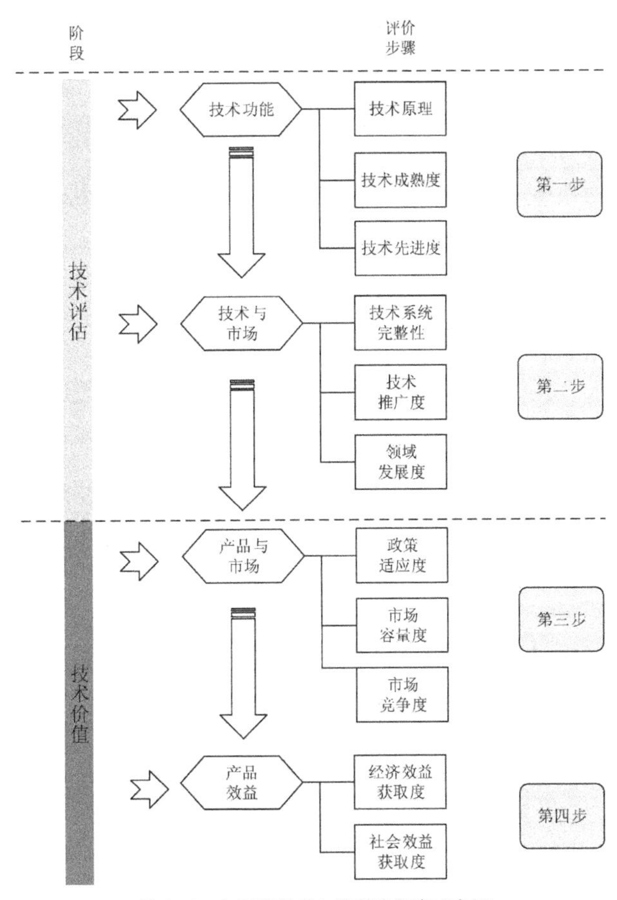

图4–4　电网新技术入库评价程序示意图

第三节　电网新技术入库评价指标体系的开发

电网新技术入库构成复合系统，具有社会性和自然性的二重特性，由此产生综合效益。因此，电网新技术入库指标的筛选与开发应从整体性、综合性、系统性考虑，进行开发效果的综合评价。在构建评价指标体系之前，需要先确定核心评价指标。核心评价指标的选取应该在新技术有效解决问题、带来实质效益的前提下，具有代表性，方便识别和计算。将评价指标进行分级、分类、构建递阶层次结构指标体系，并且在分级、分类结构的指标体系中，每类都有若干个指标。应对各指标区分对待，因为指标类别不同，对最终目标的影响也不同，而同类指标又具有某些共同的属性。最后，为了让指标体系的层次结构更加清楚明了，应加入指标分类层，更有利于对问题的分析[1]。

一、指标体系构建的总体研究设计

（一）研究方法

肇始于 1967 年，自 Glaser 和 Strauss 提出扎根理论以来，受到广大研究学者的拥趸，并形成了一系列丰富的研究成果和应用。尽管现有研究成果为本研究工作提供了可行性，但现有研究成果中涉及电网工程新技术应用评价的文献较少，而相关政策文件和实践资料却十分丰富。对此，本书选取扎根理论方法最为合适，扎根理论的研究流程如图 4–5 所示。

扎根理论起源于社会学研究，是指通过系统地收集与分析质性资料，从资料本身归纳和演绎核心概念，从而逐渐构建或完善相应的理论，并能够保证较高的信度和解释力。本书遵循扎根理论的研究范式及研究路径，通过开放式编码、主轴式编码和选择式编码 3 个步骤，得到评价模型的范畴、主要范畴和核心范畴，并进一步构建了评价结构维度理论模型。

（二）数据的收集与整理

考虑到扎根理论对资料来源的多样化需求，为了保证所收集数据的时效性和可靠性，首先基于全面性原则，通过对现有公开发表的文献报道资料和相关政策文件进行收集分析，其次采用半结构题项访谈方法获取访谈数据。

---

1 张健，蒲天骄，王伟．智能电网示范工程综合评价指标体系 [J]．电网技术，2011，35(6)：5–9．

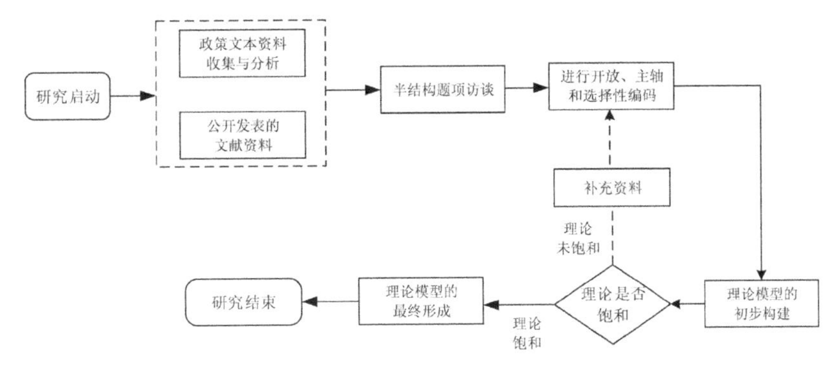

图 4-5　扎根理论的研究流程示意图

1. 文本资料收集与分析

为了保证研究的时效性和可持续性，本文将政策文本的收集时间跨度设定在2015—2019 年期间，关键词设定为“新技术成果转化”“新技术推广”，政策文本的收集范围主要囊括国内外学术研究成果以及我国电网企业关于新技术推广应用的政策文件。在对上述收集资料收集期间，针对初始资料采取理论抽样和持续对比分析。受国内相关已有研究成果的启发，电网新技术推广应用评估体系研究借鉴参考了相关评价指标体系开发原则、程序与方法，并充分结合电网新技术的基本特征与特性。政策文本资料的收集、整理和分析过程如图 4-6 所示。

近年来，关于技术评估（Technology Assessment）方面的研究呈现逐步增加的发展态势，本文以现有研究文献报道资料为分析基础，纵观现有成果主要聚焦在两方面内容：一是侧重于从宏观层面研究分析技术评价的产生与发展，明确技术评价目标、技术评价的层次体系和程序方法等，而对电网企业技术评价方面的研究处于比较匮乏的状态；二是已有研究多聚焦于综合评价层面的可行性和市场价值评价；三是围绕现有技术评价方法、程序等主题进行研究分析，从层次分析法、专家调查问卷法、神经网络法以及模糊综合评价等评价方法的单一应用，再到集成上述多方法的整合性应用研究分析，但鲜见嵌入电力行业背景的研究分析。如图 4-7、图 4-8 所示。

尽管现有研究积淀为本文的研究工作提供了可行性，但现有研究成果缺乏针对电网新技术成果应用情景的研究，也缺乏对实践资料的考量，这将导致现有研究成果无法有效指导电网新技术推广应用评估工作，对理论性研究成果向工作实践转化的推动起到一定制约。最终达到理论饱和时纳入分析的文献资料共计 25 篇中文核心论文、3 篇国外研究文献以及《促进科技成果转移转化行动方案》（国

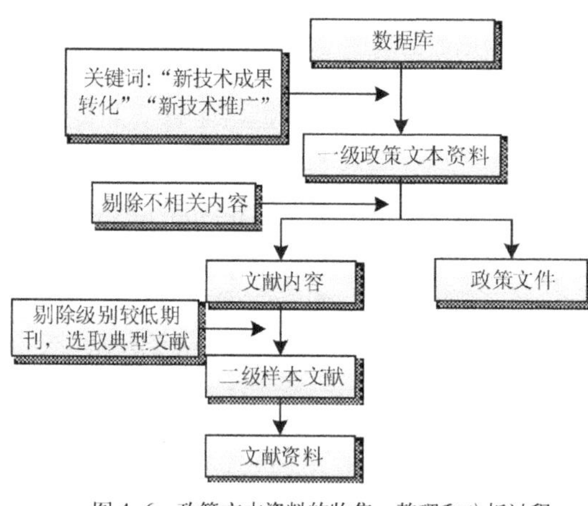

图 4-6　政策文本资料的收集、整理和分析过程

办发〔2016〕28 号）、《国家技术转移体系建设方案》（国发〔2017〕44 号）、《国家科技成果转移转化示范区建设指引》（国科发创〔2017〕304 号）、《南方电网公司进一步推进公司科技创新发展的工作措施》《中国南方电网有限责任公司新技术推广应用管理规定》以及《关于开展公司科技成果转

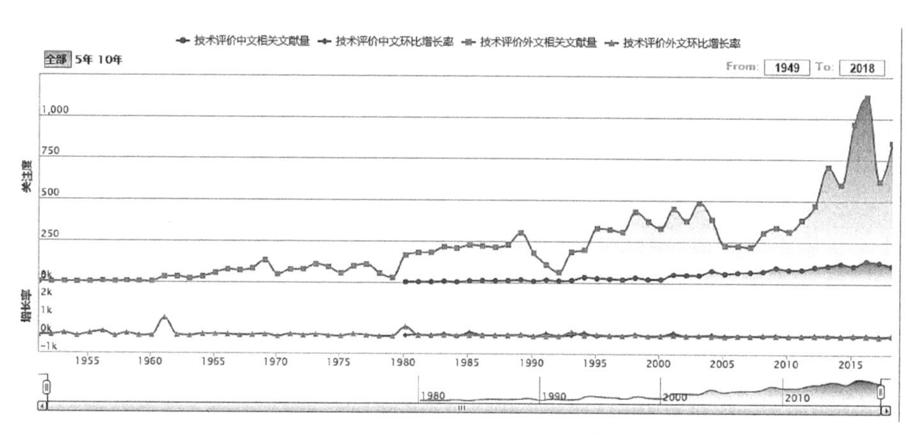

图 4-7　关于技术评估（评价）相关文献数量以及增长率情况

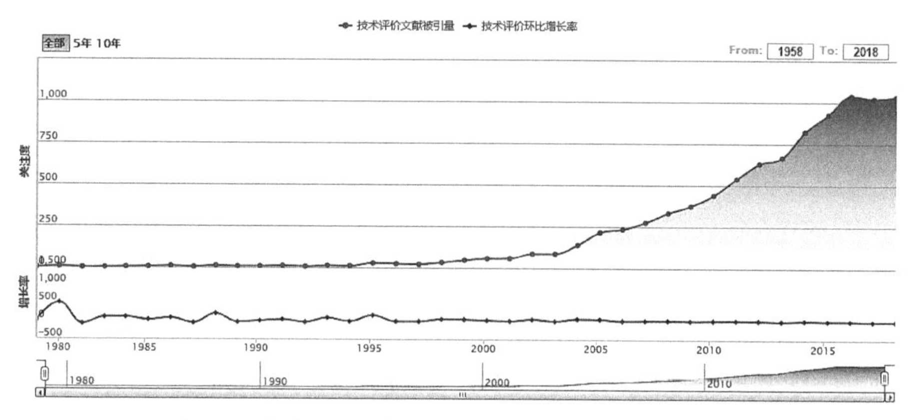

图 4-8　关于技术评估（评价）相关文献被引量以及增长率情况

化应用评估工作的通知》等政策文件。

2. 基于半结构题项的专家访谈数据

通过制定调查问卷用于获取电网新技术推广应用评价访谈数据，研究团队分别于 2019 年 5 月、6 月和 8 月，分别在广州、深圳、湛江、东莞、北京、天津以及浙江等地区的电网企业、高等院校、行业协会以及第三方咨询机构进行实地访谈。电网新技术推广应用评价访谈工作采取半结构题项访谈，涉及的访谈题项为“您认为应该从哪些维度开展电网新技术推广应用评价工作”“您认为电网新技术推广应用评价指标体系的设定是否需要分为技术类和研究成果类”等，共记录下访谈资料约3万字。本书的研究重点主要为电网工程新技术应用能力评价模型的构建，采用半结构访谈的方法对数据进行收集。访谈的问题设计分为情境导入、核心访谈、深度访谈三个层次，挖掘受访者对“电网工程新技术应用能力评价”的认知及理解。最初的访谈提纲由相对简单的开放性题项所构成，基于访谈情景导入，逐步引导受访者进行到本书的研究核心。访谈问题的分层设置如表 4–2 所示。

受访者访谈题项设置 表 4–2

序号	访谈问题的层次设置	访谈内容的描述与说明	访谈问题层次设计的目的
1	访谈情景导入	问题（1）在您所参与的电网工程项目是否应用了新技术？具体的新技术内容包括哪些内容？新技术在电网工程中的实践应用存在哪些问题	将访谈受访者引入到研究情境中，了解本文的研究背景和主要研究内容，旨在让受访者思考研究问题
2	核心访谈层次	问题（2）您认为应该从哪些维度开展电网工程新技术应用能力评价工作	旨在讨论评价模型的维度
		问题（3）您认为电网工程新技术应用能力评价指标体系的设定是否需要分为技术类和研究成果类	旨在讨论电网工程新技术应用能力评价指标体系的构成
3	深度访谈层次	问题（4）您认为电网工程新技术应用能力评价模型的构建对该评价工作会产生什么样的影响？例如，是否会强化电网工程新技术应用能力评价工作，促进新技术的使用	旨在获取电网工程新技术应用能力评价模型对评价工作的作用效果

本书的访谈对象主要是针对近 3 年参与过电网工程项目的相关工作人员，为了保障研究案例的真实性与可靠性，本书分别从业主单位、承包单位以及第三方咨询机构进行受访者的选择，共计 30 名受访者，受访者构成的基本情况如表 4–3 所示。

受访者基本情况及构成 表 4-3

序号	受访者类型	主要构成	受访人数	所占比例
1	企业类型	电网企业	10	33.33%
		工程承包企业	15	50.00%
		第三方咨询机构	5	16.67%
2	工作岗位	技术岗	8	26.67%
		管理岗	22	73.33%
3	教育程度	博士研究生	7	23.33%
		硕士研究生	5	16.67%
		大学本科	15	50.00%
		其他	3	10.00%

访谈对象的基本情况为：（1）从受访者所在企业类型来看，有 33.33% 的受访者来自电网企业，有 50.00% 的比例来自工程承包企业，16.67% 的受访者来自第三方咨询机构；（2）从受访者工作岗位情况来看，26.67% 的人来自技术岗，73.33% 的来自管理岗，保障了本书访谈结构的可靠性；（3）从受访者的受教育情况来看，90% 的人均为本科以上学历，进而可保证受访者可以做出真实有效的回答。

二、电网新技术入库价值评估维度

（一）开放式编码

所谓开放式编码是指将收集到的原始性分析素材进行拆分与破解，针对获取的相关政策文本性素材和访谈资料进行编码、标签和登录等一系列操作，归纳凝练出相关概念、属性和编码的初始范畴。为了保证研究的可行性以及防范对上述原始资料理解的“偏差”与“偏见”，本文主要选取政策文本以及访谈资料的初始表述。本文采取“访谈受访者号码 - 访谈问题号码 - 访谈语句序号”的编码顺序开展半结构题项访谈语句的摘录和初始分析工作（例如，编码 2-2-1 所表示的含义为，编码号码为 2 的访谈受访人员对第 2 个访谈问题答复内容的第 1 句话）。在编码阶段，本文选取质性材料分析最常用的 Nvivo10 软件提取开放性编码的基本内容，形成初始代码内容。开放性编码范畴及概念的描述如表 4-4 所示。

开放性编码范畴及概念的描述 表 4-4

序号	范畴	概念描述	访谈内容摘选
1	新技术的核心技术特征	核心技术是解决专业领域内核心关键突出的技术问题	新技术顾名思义是"全新的技术"[18-1-2]。根据我们企业已有的经验来看，新技术一定是我们这个专业领域内最核心的技术之一[15-2-3]。但针对我们的情况来看，新技术可以解决我们存在的很多突出问题[5-5-7]
2	技术先进度	新技术应具备一定的先进，相较于传统的技术不仅国内先进，在国际上也有领先性	最初的时候，我们应用的一些技术在国内处于比较先进的状态，但与国外同领域的技术比较而言，缺乏一定的竞争性[11-2-35]。有时候，在做国际对标时，发现我们所谓的新技术在国际上还没有达到那种所谓领先的状态[9-2-7]
3	电网企业大量使用新技术	电网企业认为现有技术存在滞后且具有漏洞，为了规避上述风险，大量采取新技术	现在科学技术发展如此迅速，真担心现有的技术不能应对未来的发展，我们索性就大力推广新技术[7-7-9]。相比较于其他企业，我们在新技术应用方面存在诸多不足，怕其他企业赶上来，我们就大量应用新技术来弥补现在我们的滞后[8-4-3]
4	电网新技术没有大力推广和利用	电网企业没有大规模、大范围利用新技术在实际工作中	电网企业一直没有应用一些新的技术，我相信他们一定有着自己的考虑[3-6-2]。在实际工作中，其实地方都可以尝试推广和应用新技术，但是对新技术的可靠性还有所顾忌[17-4-2]
5	技术成熟度	新技术在实践中推广应用，通过实践的验证考验	新技术能够推广应用，最关键的一个指标应该是能够经受住实践的考验[6-7-3]
6	技术稳定度	在实际工作中，能得到持续性的应用	有些时候，我们的一些新技术智能应用在某一阶段或某一时期，等过了这一段日子，这个技术就不再使用[7-7-3]。我们的某些所谓"新技术"最多应用1年就不再使用，没能一直使用[5-9-1]
7	新技术的大量需求	新技术的开发与应用一定要与实际结合	我们经常发现，我们所研发的技术不能与实际相结合，只是单纯为了新技术而研发某一项技术[2-3-9]
8	技术推广度	新技术要有普适性，能广泛应用	目前，很多我们研发的新技术在专业领域类推广范围大[6-9-7]。很多新技术都是不可复制的，且稳定度差[2-2-9]
9	新技术的价值	新技术需要在电网系统运行方面有一定的应用价值	过去一段时间，应用了新技术在电网系统运行安全提升方面，产生的效果一般[5-9-2]。我们所应用的技术，必须具备一定的价值才有一定意义[2-2-9]
10	研发人员数量	为了新技术的开发，投入的全部科研力量	我们在新技术的研发期间，投入了大量各领域的研发人员来做全职的研究与开发工作[11-5-7]
11	研发成效	研发产品的使用效果	近年来，通过一系列的研发工作，有一些研发成果取得了显著的效果，但有一些真的很一般，没有达到最初的设想[4-8-6]
12	技术系统完整度	该技术系统的整体技术研发情况	有一段时间，我们研发的新技术系统处于一种"信息孤岛"状态，不能形成系统性[10-2-1]
13	市场容量度	该技术商业转化后的市场发展前景与容量	我们发现近年来研发的新技术在进行商业转化形成产品后，其市场前景不是很好[4-8-1]。如果技术商业转化后不能有很好的发展远景，则应该尽早剔除这样的技术[2-2-5]
14	经济效益获取度	技术商业转化后实际或预期可取得的收益情况及成本支出情况	在一次新技术研发后，我们进行了商业转化，发现取得的收益根本无法与成本支出做到盈亏平衡，我们花了很多钱，研发的新技术及其产品没能实现"物有所值"[6-5-5]
15	社会效益获取度	技术转化后对促进科技、经济与社会协调、可持续发展的效果	现在研发出的新技术，在技术转化后对促进我们企业科学技术发展，以及社会协调和可持续的效果一般，但大部分技术都能获得一定的社会效益[2-8-6]

（二）主轴式编码

在开放式编码的基础上，为精炼成具有抽象的概念化编码，本部分内容要开展主轴编码工作，具体为通过基于语义关系、过程与结构关系等得到主轴编码下的对应范畴关系。例如，开放式编码中的“电网新技术的核心技术特征”以及“新技术的先进性”等两个范畴，可以理解为一项新技术的研发与应用，需要具备技术是否为核心技术，技术的先进程度，即上述范畴可以整合成为一个新的范畴——“技术创新度”。因此，归纳总结出的主要范畴如表 4-5 所示。

主轴式编码结果一览表　　表 4-5

序号	主要范畴	对应范畴
1	技术功能	技术成熟度 技术稳定度 技术先进度
2	技术与市场	技术系统完整度 技术推广度 领域发展度
3	产品与市场	政策适应度 市场容量度 市场竞争度
4	产品效益	经济效益获取度 社会效益获取度

（三）选择式编码

本文的核心研究内容是围绕电网新技术推广应用评估而进行展开的，通过选择式编码将从主要范畴中构建出核心范畴，通过核心范畴与其他相关范畴之间构建出完整、系统的关联从而分析其中的关系，进而可以搭建出一个完整的解释架构，图 4-9 呈现了电网新技术入库评价模型。

（四）理论饱和度检验

理论饱和度检验的目的在于本书所收集到的最原始语句资料不会在形成新的概念以及不能归纳出新的范畴。在上述原则驱动下，本书针对剩余研究样本进行三级编码，在上述编码过程期间，没有形成新的概念与范畴，且相关概念范畴之间也没有产生新的关系。鉴于此，本书所构建的理论模型是饱和的。

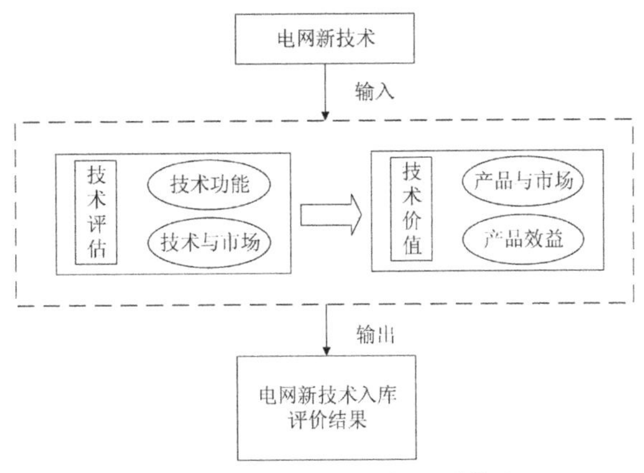

图 4-9 电网新技术推广应用评估模型

三、电网新技术入库评价指标体系的构建

受已有研究成果的启发，本书借鉴式的参考了相关评估指标体系的开发原则、程序与方法，并充分结合电网新技术的基本特征与特性。本研究所构建的电网新技术入库评价指标体系如表 4-6 所示，涉及 2 个一级指标（技术评估、技术价值），4 个二级指标（技术功能、技术与市场、产品与市场、产品效益）以及 11 个三级指标（技术成熟度、技术原理、技术先进度、技术系统完整度、技术推广度、领域发展度、政策适应度、市场容量度、市场竞争度、经济效益获取度和社会效益获取度）。

电网新技术入库评价指标体系 **表 4-6**

一级指标	二级指标	三级指标
技术评估	技术功能	技术成熟度
		技术原理
		技术先进度
	技术与市场	技术系统完整度
		技术推广度
		领域发展度
技术价值	产品与市场	政策适应度
		市场容量度
		市场竞争度
	产品效益	经济效益获取度
		社会效益获取度

四、电网新技术入库评价指标权重的确定

（一）熵权法

熵权法是一种客观赋值法，依靠样本数据信息特征计算权重，判断信息的有效性。根据各指标的变异程度，利用信息熵计算出各指标的熵权，判断一个事件的随机性和无序程度，以及一个指标的离散程度。该方法具有很强的客观性和适应性，但是其使用范围有限，容易受到客观条件模糊性的影响，缺乏指标间的比较，因此所解决的问题有限。熵权法的思路如下：

第一步，若评价系统处于多种不同状态，设每种状况出现的概率为 $p_i(i=1,2,3,\cdots\cdots m)$ ，则该系统的熵定义为：

$$e=-\sum_{i=1}^{m}p_i\cdot\ln p_i$$

第二步，当 $p_i=1/m(i=1,2,3,\cdots\cdots m)$ 时，即各种状态出现的概率相同时，熵取得最大值，为：

$$e_{\max}=\ln m$$

第三步，现有 m 个待评项目，n 个评价指标，形成原始评价矩阵 $R=(r_{ij})_{m\times n}$ 对于某个指标 r_j 有信息熵：

$$e_j=-\sum_{i=1}^{m}p_{ij}\bullet\ln p_{ij}$$

其中：$p_{ij}=r_{ij}/\sum_{i=1}^{m}r_{ij}$

各指标值权重的过程如图 4-10 所示。

当各备选项目在指标上的值完全相同时，该指标的熵达到最大值 1，其熵权为 0。即表明该指标是不可取的，不能为决策者提供有用的信息，应考虑去掉。因此，熵权法是对项目下各指标差异的区分，而不是表示重要性系数。

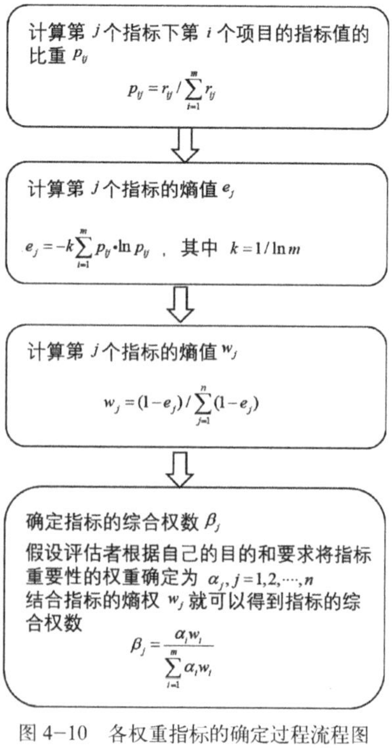

计算第 j 个指标下第 i 个项目的指标值的比重 p_{ij}

$$p_{ij}=r_{ij}/\sum_{i=1}^{m}r_{ij}$$

计算第 j 个指标的熵值 e_j

$e_j=-k\sum_{i=1}^{m}p_{ij}\bullet\ln p_{ij}$ ，其中 $k=1/\ln m$

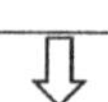

计算第 j 个指标的熵值 w_j

$$w_j=(1-e_j)/\sum_{j=1}^{n}(1-e_j)$$

确定指标的综合权数 β_j

假设评估者根据自己的目的和要求将指标重要性的权重确定为 $\alpha_j,j=1,2,\cdots,n$

结合指标的熵权 w_j 就可以得到指标的综合权数

$$\beta_j=\frac{\alpha_i w_i}{\sum_{i=1}^{m}\alpha_i w_i}$$

图 4-10　各权重指标的确定过程流程图

（二）问卷调查法

问卷调查法是管理科学领域定量研究较为常用的方法之一，获取信息效率高，真实性强，同时，问卷调查的成本相对较小，获取研究数据灵活性较强，基本不会对被调查者造成干扰。在成熟量表基础上形成的问卷，具有良好的信度效率，能够为研究者提供高质量的研究数据，进行有效的数据分析。其不足之处在于每位被调查者对于题目的主观理解性较强，一定程度上会影响结果的客观性，导致数据分析偏差。

问卷调查法应用广泛，例如运用问卷调查法研究分析图书馆学领域中的常见问题，预测问卷调查法在图书馆学中的未来定向[1]；对特定人群的人口特征进行统计，收集流行病学研究资料[2]；对旅游景区、森林景观进行客观评价[3]等。在电力研究领域，问卷调查法也被广泛运用于研究电力公司员工安全培训优化[4]、电力公司供电绩效考核体系优化[5]、电力用户满意度[6]等。在问卷设计时，需要将变量指标进行清晰划分，针对应用研究成果和理论研究成果两大类评价，寻找不同的调查群体。注意测量时采用多题项，降低由理解上的歧义所带来的测量偏差，并进行必要的注释，以提升问卷作答的客观性和有效性。

（三）专家评分法

专家评分法也是一种定性描述定量化方法，其操作方法是根据评价对象的若干要求，确定一个项目评价集，再根据这些具体项目，制定评定标准。聘请该领域具有代表性的专家根据自己的经验进行项目评价并打分。一般而言，专家评分法简便、直观性强、计算方法简便，选择余地较大，并且能够将进行定量计算的评价项目和无法进行计算的评价项目都加以考虑。因此，专家评分法广泛运用于各个领域，如评估数控系统可靠性[7]、商业网站价值评估[8]、国际工程中的投标决

1 苏超，周蕊．问卷调查法在图书馆学研究中的应用 [J]．图书馆学研究，2012(12):16-18.

2 向楠，史华新，李晓东．问卷调查法在中医临床疗效评价研究中的应用 [J]．湖北中医杂志，2011(6).

3 陈飞平，廖为明．基于问卷调查法的森林声景观评价研究 [J]．生态经济，2011(1).

4 蔡丰宇．A 电力公司员工安全培训优化研究 [D]．2019.

5 陈玉柒．A 电力公司供电所绩效考核体系优化研究 [D]．2019.

6 晏飞．基于蒙特卡洛模拟的含风电场电力系统可靠性评价 [J]．电气应用，2013(2):66-69.

7 戴怡，杨学志，罗红平．面向数控系统可靠性评估的先验信息融合方法——专家打分法 [J]．天津职业技术师范大学学报，2012，22(3):6-8.

8 胡治芳．商业网站价值评估指标体系研究 [J]．河南商业高等专科学校学报，2012，25(4):51-54.

策[1]等。在电力领域中，专家评分法通常运用于电力系统负荷预测[2]、电网输电安全性评价[3]和区域电网协调[4]等。

专家评分法的计算方法主要分为 5 种类型：加法评价型、连积评价型、和数相乘评价型、加权评价型和功效系数法，根据项目的具体情况，选择不同的方法衡量。计算公式如图 4-11 所示：

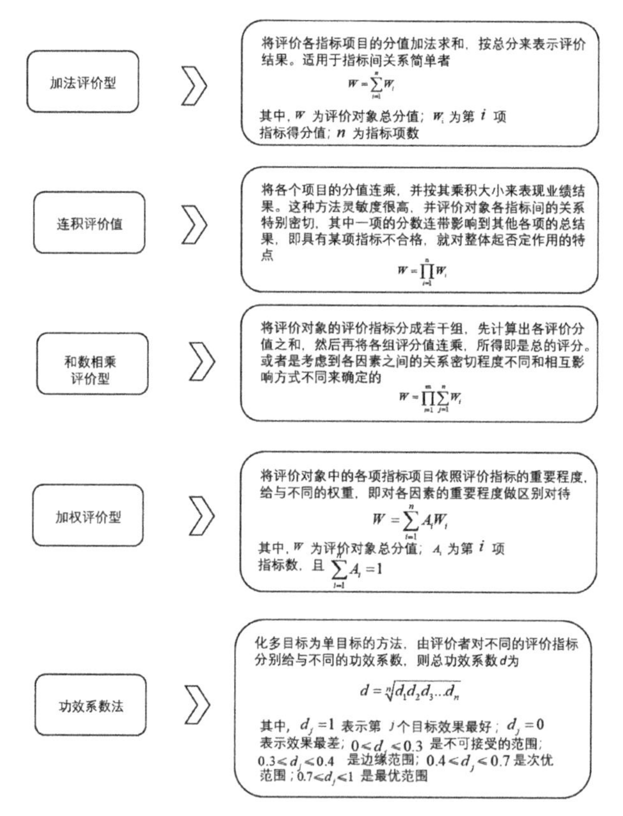

图 4-11 专家评分法的计算方法

（四）相关矩阵赋权法

（1）假设：在某一体系中总共涉及了 n 个指标，尤其构成的矩阵如下所示。

1 张博文，姬喜云．专家评分法在国际工程投标决策中的应用 [J]．河北工程大学学报（社会科学版），2004，21(2)：122-123．

2 唐发荣．基于专家评分机制的模糊综合评判法在电力系统负荷预测中的应用 [J]．电力学报，2011，26(5)：380-382．

3 李熙．智能电网输电线路隐性危险源辨识与评价研究 [D]．华北电力大学，2015．

4 李喜兰，林红阳，邱柳青．考虑地区差异性电网协调发展评价方法的研究 [J]．电器与能效管理技术，2016(18)：67-71．

$$x=\begin{bmatrix} x_{11} & x_{12} & x_{13} & \cdots & x_{1n} \\ x_{21} & x_{22} & x_{23} & \cdots & x_{2n} \\ x_{31} & x_{32} & x_{33} & \cdots & x_{3n} \\ \vdots & \vdots & \vdots & \cdots & \vdots \\ x_{n1} & x_{n2} & x_{n3} & \cdots & x_{nn} \end{bmatrix}$$

其中，$X_{ii}=1$（$1,2,3,\cdots\cdots n$）。

（2）针对X_i的计算公式如下所示。

$$X_i=\sum_{j=1}^{n}\left|x_{ij}\right|-1,(i=1,2,3,\cdots\cdots n)$$

其中，X_i 所表示的含义为第 i 个指标对其他相关指标的影响情况。

（3）在上述基础上，本步骤将对 X_i 进行归一化处理，可得到各指标体系的权重数值。

$$\lambda=\frac{X_i}{\sum_{i=1}^{n}X_i},(i=1,2,3,\cdots\cdots n)$$

（4）另外，权重高低还与工程类型和涉及应用技术项相关，如安全性电网投资工程，其主要为加强网架安全等，侧重于技术效益，而经济效益较低；当未应用信息管理技术时，其降本效益并非明显。因此，为降低客观赋权对评估的影响，还需通过层次分析法确定主观权重 w。则各指标权重为 $w'=0.6\times w+0.4\times\lambda$。

（五）电力新技术入库评价指标权重的确定

本书采用专家评定法中的加权评价型。将评价对象中的各项指标项目依照评价指标的重要程度给予不同的权重，即对各因素的重要程度做区别对待。电网新技术入库评价指标体系权重如表 4–7 所示。

电网新技术入库评价指标体系权重　　表 4–7

一级指标	权重	二级指标	权重	三级指标	权重
技术评估	0.65	技术功能	0.41	技术成熟度	0.11
				技术原理	0.24
				技术先进度	0.06
		技术与市场	0.24	技术系统完整度	0.08
				技术推广度	0.09
				领域发展度	0.07
技术价值	0.35	产品与市场	0.25	政策适应度	0.18
				市场容量度	0.04
				市场竞争度	0.03
		产品效益	0.10	经济效益获取度	0.04
				社会效益获取度	0.06

第四节 电网新技术入库评价标准和结果等级

一、评价指标标准的确定

评价标准就是对评价对象进行客观公正、科学评判的具体尺度。通过评价标准，可将评价对象的好坏、强弱等特征转化为可以具体进行计算的度量。如果没有评价标准，也就没有了评价的参照，那么评价也就无从谈起。

（一）评价标准的设置原则

评价标准直接关系到评价的合理性、准确性、公正性和科学性，也关系到评价体系的权威性。评价标准可以来源于多种渠道：既可以来自于国家法律、法规和政策，也可以来自于部门（或单位）制定的计划；既可以是其历史业绩水平、行业水平或国际水平，还可以是相关的理论依据或科学计算数据。

（二）评价标准制定过程

对于某项指标的具体评价标准，由于它是在一定前提条件下产生的，因此具有相对性。评价目的、范围和出发点的不同，都要求有相应的评价标准与之相适应，随着社会的不断进步、经济的不断发展，作为评判尺度的评价标准也将不断变化。

评价标准取值基础选择过程如图 4-12 所示。

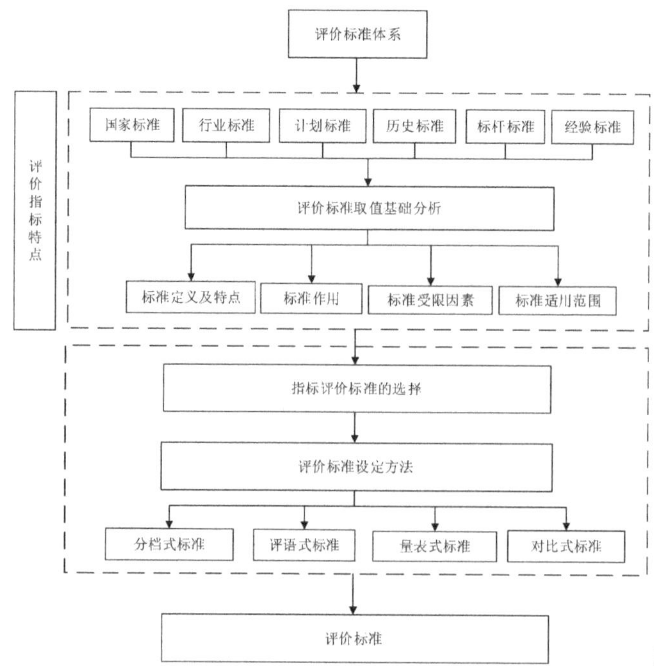

图 4-12 评价标准设置过程

（三）评价指标权重及评价标准的确定

评价标准取值基础选择过程如表 4–8 所示。

电网新技术入库评价指标体系评价标准　　**表 4–8**

一级指标	二级指标	三级指标	级别	评价标准
技术评估	技术功能	技术成熟度	5	系统级：实际通过任务运行的成功考验
			4	产品级：实际系统完成并通过实验验证
			3	环境级：在实际环境中的系统样机试验
			2	正样级：相关环境中的系统样机演示
			1	初样级：相关环境中的部件仿真验证
		技术稳定度	3	产品级／系统级技术可复制，稳定度良好
			2	产品级／系统级技术可复制，但稳定度不佳
			1	产品级／系统级技术不可复制，稳定度差
		技术先进度	5	国际领先
			4	国际先进
			3	国内领先
			2	国内先进
			1	国内一般
	技术与市场	技术系统完整度	该技术系统的整体技术研发情况	
		技术推广度	该技术可以用于工业化生产或小批量生产	
		领域发展度	该技术所在专业领域发展趋势	
技术价值	产品与市场	政策适应度	该技术商业转化后的与国家、地区政策的适应度	
		市场容量度	该技术商业转化后的市场发展前景与容量	
		市场竞争度	现有市场在该技术商业转化后的竞争程度，该技术商业转化后未来市场的潜在竞争预估（技术替代情况）	
	产品效益	经济效益获取度	技术商业转化后实际或预期可取得的收益情况及成本支出情况	
		社会效益获取度	技术转化后对促进科技、经济与社会协调、可持续发展的效果	

二、评价结果等级

评估等级结果涉及评估内容的合理性与可靠性，更关系评估结果的权威性。本文评估等级标准充分结合国家标准、行业标准、历史标准、标杆标准和经验标准作为评估标准取值基础。在此基础上，制定了本文的评估等级结果：A级评分在90分（含）到100分之间，表明好；B级评分在75分（含）到90分之间，表明较好；C级评分在60分（含）到75分之间，表明一般；D级评分在60分以下，表明较差。

第五章　电网新技术成果转化应用评价研究

本章梳理分析了科技成果价值评价基本现状，重点阐述了电网新技术成果转化路径。在此基础上，构建了电网新技术成果转化应用综合效应评价体系，包含电网新技术成果转化应用价值评价体系和电网新技术应用绩效评价体系。通过三个层次的指标来全面评价新技术转化应用综合效益，并通过模糊层次分析法来构建评价模型。本章的章节框架如图 5−1 所示。

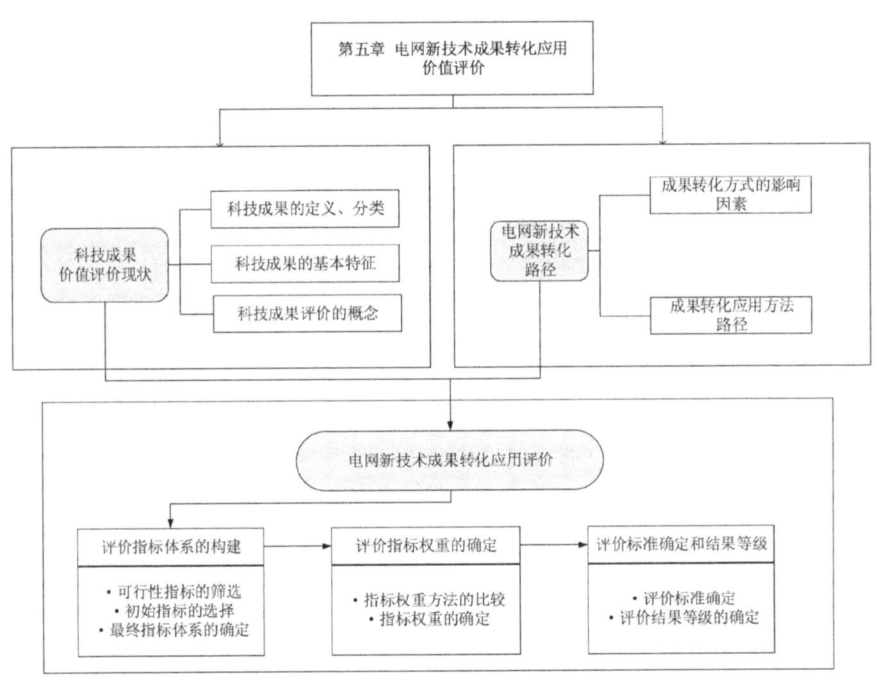

图 5−1　第五章结构

第一节　科技成果价值评估现状

一、科技成果的定义及分类

科技成果是人类的智慧的产物，是人们在探索大自然和人类社会中的奥妙以及其中的规律时，为解决社会自身发展的很多问题，结合已发展的科学知识，通过调查、观察，辩证等思维过程，所取得的具有创造性的劳动成果，这些成果对社会，经济具有很强的促进作用。科技成果是科学技术的具体化和物化，是科学技术的载体。从表面上理解，科学技术是某项科学技术研究中获得的具有实际价值的结果。

科技成果具有两个方面的特征：一是科技成果是从事科学技术研究活动所形成的结果；二是科技成果是在科学技术研究活动中具有一定价值的结果。这两个特征缺一不可，同时具备才能称为科技成果。但是，在目前我国大部分情况中，没有得到检验的也称为科技成果，西方国家则用具体的称呼来命名科技成果。国内关于“科技成果”的定义中，目前主要如图 5–2 所示三种具有代表性的定义：

目前学术界中，比较一致的认识是科技成果是科学研究的课题，在经过一系列的科学研究活动之后，这些科学研究活动包括：科研考察、科学实验、思维辩证等活动，经过这些活动之后，取得了一定学术意义或一些实用价值的劳动成果，这些劳动成果具有很强的创造性，科技成果是对科研活动的总称，包括很多方面，例如基础研究、科学实验，同时也包括技术方面的开放新技术、开发新产品等。

根据科学研究的类型，科技成果可以具体分为：基础类的研究成果、应用类

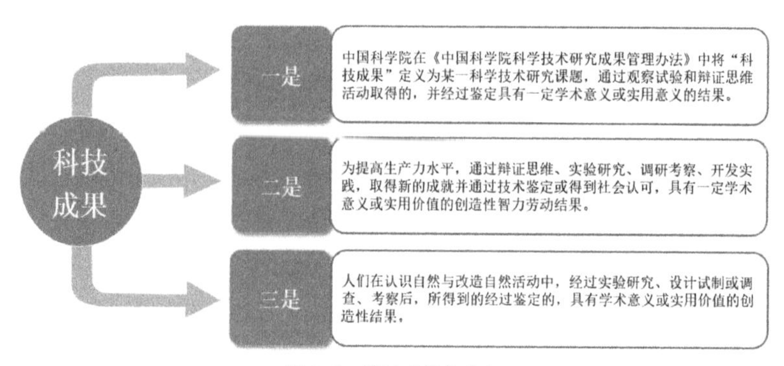

图 5–2　科技成果的定义

的研究成果和软科学成果。基础类的研究成果是指基础研究领域取得的新的发现，建立的新的理论和新的学说，其成果的形式主要为科技论文、科学著作等。应用类的研究成果主要是指新技术的开发和利用，其成果的主要形式为专利开发。软科学成果是指在发展战略、技术经济政策、对未来的预测、重大项目的可行性评价以及软科学自身建设等研究中，经过创造性劳动而取得的，并经评审具有一定的理论意义或应用价值的新思想、新观点、新方法和新政策。

二、科技成果的基本特征

科技成果的基本特征包括一般性特征、作为无形资产的特征和作为资本的高风险特征。

（一）基本特征

科技成果的基本特征主要是科技成果的科学性、新颖性、先进性、实用性、继承性和替代性，如表 5–1 所示。

科技成果的基本特征　表 5–1

序号	基本特征	基本特征描述
1	科学性	每种科技成果的出现，都会经历考察、研究、实验等很多科学研究活动才能获得，科技成果都是科学技术工作者对特定的科学技术问题进行研究和推理之后，形成的科学性的总结，所以科技成果具有科学性的特征
2	新颖性	科学成果是思维创造性的成果，新的科学成果肯定是对原有科学成果的新突破，是阐述物质规律的新见解，同时也是对原有理论的新突破。所以科学成果具有新颖性
3	先进性	科技成果代表了当前最先进的科学技术水平，其程度已超越了现有的科技成果，所以具有先进性的特征
4	实用性	科技成果是具有一定的学术价值和实用价值的成果，能在实际生产中取得良好的经济效益和社会效益

（二）无形资产特征

科技成果不具有资产的特征，但是当科技成果应用于实践时，可以从中量化其价值，所以科技成果应该将其看作资产，科技成果在应用过程中，都需要量化其内在的价值，特别是面临交易的情况时，科技成果应该作为无形资产量化其价值，因此，科技成果应该具有无形价值的一般性特征，包括垄断性、超额收益性、附着性、共益性、非实体性等特征。无形资产特征如表 5–2 所示。

无形资产的基本特征　　表 5-2

序号	基本特征	基本特征描述
1	垄断性	科技成果通常以论文、专利、发明等多种形式呈现，其是思维的结果，通常由发明者、作者以及机构垄断持有，并且科技成果的知识产权受到法律的保护，所以科技成果具有垄断性的特征
2	超额收益性	无形资产是能够给拥有者产生持续经济效益的资产，并且能为投资者创造相当的收益，所以科技成果具备超额的收益性
3	附着性	科技成果是科技技术成果，并且要附着在实体中才会发挥其固有的功能，所以科技成果作为一种无形资产往往附着于有形资产才能发挥其作用
4	共益性	科学无国界，一项科技成果，可以供所有研究者参考，同时一项先进技术，一项专利发明可以同时给多个企业使用，这就说明科技成果具有共益性的特征
5	非实体性	科技成果是一项科研成果或者技术发明，是知识创造，所以并没有物质的实体状态，所以并不是有形资产，并且科技成果一般要通过载体才能发挥其经济效益，所以科技成果具有非实体性的特征

（三）科技成果的高风险特征

科技成果一般需有大量的投资才能形成科学技术成果，在投资的过程中充满了高风险，因为科技成果只有在应用的过程中才会发现其价值，在还没有推广市场的前提下，科技成果的价值是无法估计的，同时科学技术成果具有很大的不确定性，并且需要持续不断地投入才能有产出，所以科技成果具有高风险的特征。

三、科技成果评价的概念及指标

（一）科技成果评价的概念

科技成果的评价，是指对科技成果的价值进行评估，评估的过程主要有鉴定、评审、评估、验收等环节，评估的对象包括科技成果的学术价值、科技成果的技术机制以及实用价值，科技成果评价的目的是辨别科技成果的应用前景，从而促进科技成果的推广，也促进广大科研人员从事科技工作，从而推动社会的进步和科学技术的发展。

科技成果要在市场上有效的推广，不仅需要具有技术先进性和实用性，还要具备经济和社会效益，同时要能很好地融入当前的社会环境中，所以科技成果的投资条件、环境影响、技术周期等各种因素都应该被考虑，这就在客观上要求科学技术成果需要进行全面的评价，要对其进行经济效益的预测、应用前景的分析，评估市场风险，同时还要评估技术的成熟度以及稳定性，并对经济指标进行校核，为科技成果成功的推广应用提供有效的支持。

（二）科技成果评价指标

科技成果的评价主要包括学术价值、技术价值和实用价值等几个方面的内容，理论性的科技成果主要以学术价值评估为主，应用型的科技成果主要以实用价值为主。

1. 学术、技术价值指标

学术、技术价值指标是指在理论创造、方法技术等方面的指标，是对技术水平的体现，这些指标以科学性、创新和先进性为综合特征。

科学性指标内容：包括研究设计是否严密，分析论证是否符合逻辑，实验条件是否符合有关标准，统计处理是否正确，提供数据是否真实可靠，结果是否可重复等内容。

创新性指标内容：包括科技成果的研究方法、设计思想、工艺技术特点及最终结果等是否属国际、国内或省内首创，或有无实质性的突破、改进和补充等。

先进性指标内容：包括是否解决该领域的技术难题或行业的热点问题，与同行业相比较是否达到国际、国内或省内某种水平。

2. 使用价值指标

使用价值指标是指科技成果的转化、推广应用价值，由技术可行性、知识产权、市场效果、经济效益和社会效益予以表征。

技术可行性指标内容：包括研究的成熟程度及技术的适用性。成熟程度指成果的技术系统的完整性和成果实际应用的可靠性，可从成果所处的阶段予以表征。适用性指技术的政策环境、自然条件、资源条件、技术开发能力等方面的生产适应程度及经济合理性。

知识产权指标内容：是指知识产权的保护方式、法律状态、类别、数量。

市场效果指标内容：是指市场的占有程度、竞争能力、年销售量和销售趋势，以成果应用的广泛性和推广的迫切性来表征。

经济效益指标内容：是指成果应用后实际或预期可取得的增收节支的效果及成本效益比的程度。

社会效益指标内容：是指对促进科技、经济与社会协调、可持续发展的效果。

第二节　电网新技术成果转化路径

一、选择成果转化方式的影响因素

影响科技成果转化方式选择的因素很多，包括研发人员奖励与报酬机制，知识产权、专利的有效性，知识特性，科技成果所有人与转化人（或转化方）之间的技术距离等。无论是输出成果方还是接受成果方一般要考虑以下因素。

（一）技术距离

是指实施科技成果转化应有的技术水平与其实际技术水平之间的差距。科技成果所有人和转化人之间的技术距离较大的，一般不会选择科技成果转让、合作转化，而倾向于选择科技成果作价投资。

（二）知识产权

成果所有人和转化人对拥有知识产权所有权的关注度决定了采用许可方式还是转让等变更知识产权所有权的方式。

（三）经费投入能力

转化科技成果所需的经费投入，不仅取决于科技成果本身的技术成熟度和市场成熟度，也取决于市场容量及期望达到的商业化、产业化程度。成果所有人经费投入能力较差的自行转化和合作转化成功的难度相对较大，宜采用其他转化方式。

（四）科研人员参与度

如果科研人员参与科技成果的转化，则在选择科技成果转化方式时，需要选择科研人员的参与方式，如作价投资等，并建立相应的激励与约束机制，以确保在需要时科研人员能够积极地参与其中。

（五）后续研发成果归属

一般来说，后续研发所取得的成果应归后续研发者享有。因此在选择转化方式时，需要考虑这个因素。

二、电网新技术科技成果转化应用方法路径

电网新技术科技成果转化应用方法路径如图 5-3 所示。

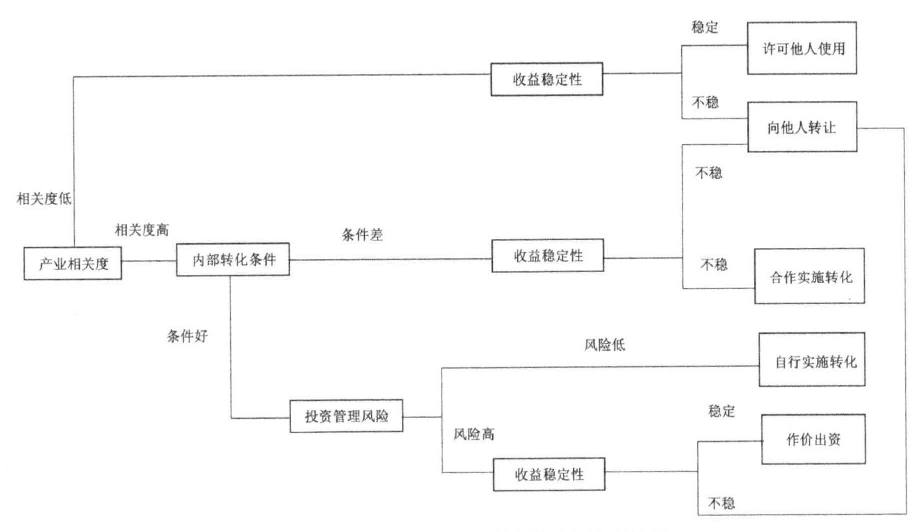

图 5-3　电网新技术科技成果转化应用方法路径

第三节　电网新技术成果转化应用评价指标体系

一、可行性指标的选择

电网新技术成果转化应用综合效益的评价指标筛选，一般是基于文献分析法的筛选。首先在构建评价指标体系之前，通过文献分析、打钩法等方法初步构建一个评级内容的初始评价集，首选确定新技术能有效解决问题、带来实质效益的，具有代表性的，并方便识别和计算的核心指标；其次将核心评价指标进行分类、分级，构建几个层次的评价指标，每个核心指标下面有多个子指标，这有助于形成完整的指标体系，更客观地评价新技术转化的综合效益。

二、初始指标体系的筛选

指标体系的筛选一般基于问卷调查法或其他方法，对已选择的指标进行剔除、修改和最终确定。与其他评价指标筛选不同，电网企业新技术转化效益的评价指标大多有专家进行筛选或者打分，所以通过问卷调查的方式向专家征求意见，可以得到更为准确的评价指标。

三、电网新技术成果转化应用评价体系的构建

电网新技术成果转化综合应用效益评价模型包含电网新技术成果转化应用价值评估模型和电网新技术应用绩效评价模型两项具体模型。

（一）电网新技术成果转化应用价值评价体系

电网新技术成果转化应用价值评估主要包括技术成果的稳定性及成熟度，经济指标的校核，成果的创新性、先进性、实用性，在水平评估的基础上，对成果的应用价值及经济效益的预测，应用条件、应用前景、市场风险等进行综合评估，为科技成果的推广应用、运营模式选择提供有效支持。电网新技术成果转化应用价值评估指标体系如表5–3所示。

电网新技术成果转化应用价值评估指标体系　表5–3

一级指标	二级指标	三级指标
技术评估	技术功能	技术成熟度
		技术稳定度
		技术先进度
	技术与市场	技术系统完整度
		技术推广度
		领域发展度
价值评估	产品与市场	政策适应度
		市场容量度
		市场竞争度
	产品效益	经济效益获取度
		社会效益获取度
法律评估	转化法律	技术保护度
		技术自由度

（二）电网新技术应用绩效评价体系

对各单位电网新技术应用绩效评价指标体系的设计，考虑项目和各单位两个层面，以方向引导性（评价指标的设计将体现公司对于科技成果转化工作的指引）、指标精炼性（指标将用于评价各单位，精炼的指标更利于科技成果转化工作的聚焦）、评价实操性（指标尽可能量化，但效果类、影响类指标量化困难，需通过专家打分法进行）。电网新技术应用绩效评价模型见表5–4。

电网新技术应用绩效评价指标体系　　**表 5–4**

一级指标	二级指标	三级指标
转化应用规模	科技成果转化应用体量	科技成果转化数量
		科技成果转化数量增长率
		科技成果应用数量
		科技成果应用数量增长率
	科技成果转化应用率	科技成果转化率
		科技成果应用率
		职创项目成果转化应用率
转化应用价值	科技成果转化应用项目投入产出比	科技成果转化投入产出比
		科技成果应用投入产出比
	科技成果转化应用公司投入产出比	百万元投入科技成果转化应用项目收益额
转化应用效果	科技成果应用技术成效实现度	/
	对公司发展产业布局的贡献度	/
转化应用影响	科技成果转化应用社会影响	转化类科技成果社会影响

（三）电网新技术成果转化应用综合效益评价标准的确定

电网新技术成果转化应用价值评估指标体系包含技术评估、价值评估和法律评估三个一级指标，二级指标有技术功能、技术与市场、产品和市场、产品效益和转化法律指标，各指标具体含义如表 5–5 所示。

电网新技术成果转化应用价值评估指标含义　　**表 5–5**

序号	指标名称	基本含义
1	技术成熟度	技术发展完成的程度，考虑技术库中技术成熟度达到系统级的新技术，是具备商业转化的基本条件
2	技术稳定度	技术系统可复制性等
3	技术先进度	该技术在专业领域的所处水平
4	技术系统完整度	该技术系统的整体技术研发情况
5	技术推广度	该技术可以用于工业化生产或小批量生产
6	领域发展度	该技术所在专业领域发展趋势
7	政策适应度	该技术商业转化后与国家、地区政策的适应度
8	市场容量度	该技术商业转化后的市场发展前景与容量
9	市场竞争度	现有市场在该技术商业转化后的竞争程度，该技术商业转化后未来市场的潜在竞争预估（技术替代情况）
10	经济效益获取度	技术商业转化后实际或预期可取得的收益情况及成本支出情况
11	社会效益获取度	技术转化后对促进科技、经济与社会协调、可持续发展的效果
12	技术保护度	在发明专利、实用新型、软著等转化模式的保护程度
13	技术自由度	在发明专利、实用新型、软著等转化模式的商业化使用自由度

电网新技术应用绩效评价模型指标体系包含转化应用规模、转化价值应用、转化应用效果和转化应用影响四个一级指标，二级指标有科技成果转化应用体量、科技成果转化应用率、科技成果转化应用项目投入产出比、科技成果转化应用公司投入产出比、科技成果应用技术成效实现度、对公司发展产业布局的贡献度和科技成果转化应用社会影响，各指标具体含义如下：

科技成果转化数量和应用数量及相应的增长率：用绝对值和相对值来反映科技成果转化应用的规模体量。探讨该指标是否设置权重，以及是否应有增长率的引导。

科技成果转化率：指统计年度已转化的成果数与计划转化的成果数的百分比率。

科技成果应用率：指统计年度已应用的成果数与计划应用的成果数的百分比率。

职创项目成果转化应用率：指统计年度已转化应用的职创成果数与计划转化应用的职创成果数的百分比率。

科技成果转化投入产出比：科技成果转化的收入（指成果通过自行投资、转化、许可、合作或作价投资方式实施转化，已签订转化（销售）合同，获得的转化实施收益）与科技成果研发及转化投入成本的比值。（投入按实际，收益按实际+预估，指标结果是权重综合还是范围幅度、占比）

科技成果应用投入产出比：主要指科技成果被纳入公司物资品类目录或电商化采购目录，并签订采购合同的收益与科技成果研发及应用投入成本的比值。（同上）

百万元投入科技成果转化应用项目收益额：以百万元为单位衡量公司科技研发投入产出的可转化应用的收益比率。（统计当年的单位实际投入与实际收入）

科技成果应用技术成效实现度：衡量科技成果预期技术成效的实现程度，比对预期成效与实际成效。

对公司发展产业布局的贡献度：衡量科技成果对公司发展产业布局的贡献程度。

转化类科技成果社会影响：衡量科技项目转化应用的社会影响，以项目为单位进行考察。根据统计年度科技项目产生的社会影响，按弱、一般、较好、正向强烈进行打分。或作为加分项。

第四节　电网新技术成果转化应用综合效益评价指标权重确定

一、指标权重确定方法的比较分析

对于电网新技术成果转化综合效益评价方法的研究，近年来学者更多地关注专家评分法和层次分析法，这两种研究方法在实际的应用中较广，同时综合应用这两种方法会得到更好的评价结果。

（一）专家评分法

专家评分法是一种定性的评价化方法，但同时也包括定量化的方法。专家评分法首先依据所评价对象的基本要求选择所需的评价指标，然后制定相应的评价标准，让若干专家根据自身的经验对照评价指标进行打分，然后根据所打分的结果来评价对象。专家评分法操作简便，计算方法简单，能够结合定性分析和定量分析，选择空间较大。

因此，专家评分法广泛运用于各个领域的评价工作，如评估数控系统可靠性[1]、商业网站价值评估[2]、国际工程中的投标决策[3]等。在电力领域中，专家评分法通常运用于电力系统负荷预测[4]、电网输电安全性评价[5]和区域电网协调[6]等。专家评分法的计算方法主要分为加法评价型、连积评价型、和数相乘评价型、加权评价型和功效系数法。计算公式如下：

加法评价型，是将各评价指标的分数求和，求得总分进行评价，这种方法适合指标间关系比较简单的情况

$$W=\sum_{i=1}^{n}W_i$$

1 戴怡，杨学志，罗红平．面向数控系统可靠性评估的先验信息融合方法——专家打分法[J]．天津职业技术师范大学学报，2012，22(3)：6−8．

2 胡治芳．商业网站价值评估指标体系研究[J]．河南商业高等专科学校学报，2012，25(4)：51−54．

3 张博文，姬喜云．专家评分法在国际工程投标决策中的应用[J]．河北工程大学学报（社会科学版），2004，21(2)：122−123．

4 唐发荣．基于专家评分机制的模糊综合评判法在电力系统负荷预测中的应用[J]．电力学报，2011，26(5)：380−382．

5 李熙．智能电网输电线路隐性危险源辨识与评价研究[D]．华北电力大学，2015．

6 李喜兰，林红阳，邱柳青．考虑地区差异性电网协调发展评价方法的研究[J]．电器与能效管理技术，2016(18)：67−71．

其中，W为评价对象总分值；W_i为第i项指标得分值；n为指标项数。

连积评价型，这种方法是将各个项目的分数相乘，求得总的乘积分数，然后根据总分数来评价对象，这种方法适用于指标之间关系特别密切的情况，方法的灵活性很高，且具有如果某项指标不合格，就对整体起否定作用的特点。

$$W=\prod_{i=1}^{n}W_i$$

和数相乘评价型，这种方法首先将评价指标分成若干组，先计算出各评价指标的和，然后将各个组的总分相乘，即得到总的评分。这种方法考虑到了各个指标间关系密切程度的不同和相互影响方式的不同。

$$W=\prod_{i=1}^{m}\sum_{j=1}^{n}W_i$$

加权评价型，将各个评价指标赋予不同的权重，从而求出总的评价分数。

$$W=\sum_{i=1}^{n}A_iW_i$$

其中，W为评价对象总分值；W_i为第i项指标得分值；A_i为i指标项数，且$\sum_{i=1}^{n}A_i=1$。

功效系数法，这种方法是把多目标化为多个单目标，由评价者对不同的指标给予不同的功效系数，则总功效系数d为：

$$d=\sqrt[n]{d_1d_2d_3\cdots d_n}$$

其中，$d_j=1$表示第j个目标效果最好；$d_j=0$表示第j个目标效果最差；$0\leqslant d_j\leqslant 0.3$是不可接受的范围；$0.3\leqslant d_j\leqslant 0.4$是边缘范围；$0.4\leqslant d_j\leqslant 0.7$是次优范围；$0.7\leqslant d_j\leqslant 1$是最优范围。

本项目技术应用类采用专家评定法，将围绕技术成果解决问题在细分专业方向的核心程度进行评判。设置分数阈值进行评分。

（二）模糊层次分析法

1. 直觉模糊理论

与通常评价过程不同的是，电网新技术成果转化综合效益评价工作大多由专家群体进行，而专家对具体指标的评价无法用数字来精确表达，同时每个专家的评价都会存在差异，所以如何有效地解决专家意见之间的一致性和冲突性是很重要的方面。

定义 1：设X为非空集合，$X=(x_1,x_2\cdots x_n)$，则称$A=(x,t_A(x),f_A(x))$为X上的一个直觉模糊集，其中$t_A(x)$和$f_A(x)$分别表示元素x属于X的隶属度和非隶属度。显然下式成立：

$$\begin{cases} t_A(x)\in[0,1] \\ f_A(x)\in[0,1] \\ 0\leqslant t_A(x)+f_A(x)\leqslant 1 \end{cases} \tag{1}$$

定义 2：对于X上每一个直觉模糊集，$\pi_A(x)=1-t_A(x)-f_A(x)$表示x属于X的犹豫度。该值越大，说明x对于A的未知信息越多。

2. 确定专家相对权重

专家之间的重要性程度是不同的，因此考虑每个专家的相对权重是十分必要的。确定专家相对权重的方法如下：

第一步：选取更重要的一位专家，令其权重为 1；

第二步：将第k位专家与最重要的专家进行比较，得到其相对比较权重r_k，$k=1,2,\cdots$

第三步：确定每位专家相对重要权重

$$w_k=\frac{r_k}{\sum_{k=1}^{l}r_k} \tag{2}$$

如果每个专家的重要性程度均相对，则$w_1=w_2=\cdots=w_l$。

3. 建立直觉模糊互补判断矩阵

每个专家将评价指标体系中同一级指标就重要性程度进行两两比较，参照表 5–6 模糊判断矩阵$A=(a_{ij})_{m\times m}$，其中m表示待比较指标的个数。

直觉模糊判断矩阵　　**表 5–6**

定义	直觉模糊数	说明
M9	(0.9,0.1,0)	因素 i 比 j 重要得多
M8	(0.8,0.15,0.05)	因素 i 比 j 明显重要
M7	(0.7,0.2,0.1)	因素 i 比 j 重要
M6	(0.6,0.25,0.15)	因素 i 比 j 稍微重要
M5	(0.5,0.3,0.2)	因素 i 比 j 同等重要
M4	(0.4,0.45,0.15)	因素 j 比 i 稍微重要
M3	(0.3,0.6,0.1)	因素 j 比 i 重要
M2	(0.2,0.75,0.05)	因素 j 比 i 明显重要
M1	(0.1,0.9,0)	因素 j 比 i 重要得多

4. 确定一级指标权重

设第k个专家对一级指标i与j重要程度相比较而得到的直觉模糊判断矩阵为$A=\left(a_{ij}\right)_{m\times m}=(t_{ij}^{(k)},f_{ij}^{(k)})_{m\times m}$，分别表示第$k$个专家对$i$与$j$相比较的重要程度和不重要程度，计算一级指标相对权重方法如下：

$$w^{(k)}=\left[w_1^{(k)},w_2^{(k)},\cdots w_m^{(k)}\right]$$

$$=\left[\frac{\sum_{j=1}^{m}a_{1j}^{(k)}}{\sum_{i=1}^{m}\sum_{j=1}^{m}a_{ij}^{(k)}},\frac{\sum_{j=1}^{m}a_{2j}^{(k)}}{\sum_{i=1}^{m}\sum_{j=1}^{m}a_{ij}^{(k)}}\cdots\frac{\sum_{j=1}^{m}a_{nj}^{(k)}}{\sum_{i=1}^{m}\sum_{j=1}^{m}a_{ij}^{(k)}}\right] \quad (3)$$

结合专家权重，对上式进行直觉模糊加权计算得：

$$\lambda^T=\left[\sum_{k=1}^{l}w_k w_1^{(k)},\sum_{k=1}^{l}w_k w_2^{(k)},\cdots\sum_{k=1}^{l}w_k w_m^{(k)}\right] \quad (4)$$

5. 确定二级指标权重

设第k个专家对二级指标i与j相对于一级指标r的重要程度进行判断，并构建直觉模糊判断矩阵为$B_r^{(k)}=(b_{rij}^{(k)})_{n\times n}=(t_{rij}^{(k)},f_{rij}^{(k)})_{n\times n}$，分别表示专家$k$认为二级指标$i$与$j$对于一级指标$r$的重要程度和不重要程度。由（3）和（4）可得各个二级指标对于一级指标的加权相对权重，进而求得二级指标相对于一级指标的综合权重值$\sigma^{(2)}=(\sigma^{(1)})^T\sigma$。三级指标权重参照二级指标权重计算方法。

（三）两种方法的比较

在这两种方法中，专家评价法是主观赋权法，会存在主观上的偏差，存在一定的局限性。专家评价法受评价者自身的经验和认识影响较大。模糊层次分析法，将在一定程度上考虑专家评价的模糊性，可以更好地评价对象，同时为了更准确地融入弃权和犹豫不决的情况，本书将引入直觉模糊集，由此建立直觉模糊层次分析评价模型，使得评价结果更为客观。

二、基于模糊层次分析法的指标权重的确定

利用模糊层次分析法，分析电网新技术应用绩效的评价，该评价模型包含转化应用规模、转化价值应用、转化应用效果和转化应用影响四个一级指标，得到3个专家的相对权重为：

$$w_k=(0.25,0.45,0.3)$$

相应的两两重要程度的直觉模糊判断矩阵如下：

$$A^{(1)}=\begin{bmatrix}(0.5,0.3) & (0.8,0.15) & (0.9,0.1) & (0.6,0.25)\\(0.2,0.75) & (0.5,0.3) & (0.6,0.25) & (0.9,0.1)\\(0.1,0.9) & (0.4,0.45) & (0.5,0.3) & (0.8,0.15)\\(0.4,0.45) & (0.1,0.9) & (0.2,0.75) & (0.5,0.3)\end{bmatrix}$$

$$A^{(2)}=\begin{bmatrix}(0.5,0.3) & (0.8,0.15) & (0.8,0.15) & (0.9,0.1)\\(0.2,0.75) & (0.5,0.3) & (0.7,0.2) & (0.8,0.15)\\(0.2,0.75) & (0.3,0.6) & (0.5,0.3) & (0.7,0.2)\\(0.1,0.9) & (0.2,0.75) & (0.3,0.6) & (0.5,0.3)\end{bmatrix}$$

$$A^{(3)}=\begin{bmatrix}(0.5,0.3) & (0.9,0.1) & (0.85,0.1) & (0.7,0.2)\\(0.1,0.9) & (0.5,0.3) & (0.5,0.3) & (0.8,0.15)\\(0.2,0.75) & (0.5,0.3) & (0.5,0.3) & (0.7,0.2)\\(0.3,0.6) & (0.2,0.75) & (0.3,0.6) & (0.5,0.3)\end{bmatrix}$$

由计算可得四个指标的权重为：0.305，0.214，0.226，0.255。

三、评价指标权重及评价标准的确定

评价指标权重及评价标准如表 5-7 所示。

电网新技术成果转化应用价值评价指标体系的权重　表 5-7

一级指标	权重	二级指标	权重	三级指标	权重	三级指标说明
技术评估	0.50	技术功能	0.25	技术成熟度	0.15	技术发展完成程度。考虑成熟库中技术成熟度达到系统级的新技术，是具备商业转化的基本条件
				技术稳定度	0.05	技术系统可复制性等
				技术先进度	0.05	该技术在专业领域所处的水平
		技术与市场	0.25	技术系统完整度	0.10	该技术系统的整体技术研发情况
				技术推广度	0.10	该技术可以用于工业化生产或小批量生产
				领域发展度	0.05	该技术所在专业领域发展趋势
价值评估	0.30	产品与市场	0.10	政策适应度	0.05	该技术商业转化后与国家、地区政策的适应度
				市场容量度	0.03	该技术商业转化后的市场发展前景与容量
				市场竞争度	0.02	现有市场在该技术商业转化后的竞争程度，该技术商业转化后未来市场的潜在竞争预估
		产品效益	0.20	经济效益获取度	0.10	技术商业转化后实际或预期可取得的收益情况及成本支出情况
				社会效益获取度	0.10	技术转化后对促进科技、经济与社会协调、可持续发展的效果
法律评估	0.20	转化法律	0.20	技术保护度	0.10	该技术在发明专利、实用新型、软著等转化模式的保护程度
				技术自由度	0.10	该技术在发明专利、实用新型、软著等转化模式的商业化使用自由度

续表

一级指标	权重	二级指标	权重	三级指标	权重	三级指标说明
转化应用规模	0.30	科技成果转化应用体量	0.15	科技成果转化数量	0.03	用绝对值和相对值来反映科技成果转化应用的规模体量。探讨该指标是否设置权重，以及是否应有增长率的引导
				科技成果转化数量增长率	0.02	
				科技成果应用数量	0.06	
				科技成果应用数量增长率	0.04	
		科技成果转化应用率	0.15	科技成果转化率	0.06	指统计年度已转化的成果数与计划转化的成果数的百分比率
				科技成果应用率	0.03	指统计年度已应用的成果数与计划应用的成果数的百分比率
				职创项目成果转化应用率	0.06	指统计年度已转化应用的职创成果数与计划转化应用的职创成果数的百分比率
转化应用价值	0.20	科技成果转化应用项目投入产出比	0.10	科技成果转化投入产出比	0.07	科技成果转化的收入（指成果通过自行投资、转化、许可、合作或作价投资方式实施转化，已签订转化（销售）合同，获得的转化实施收益）与科技成果研发及转化投入成本的比值。（投入按实际，收益按实际＋预估，指标结果是权重综合还是范围幅度、占比）
				科技成果应用投入产出比	0.03	主要指科技成果被纳入公司物资品类目录或电商化采购目录，并签订采购合同的收益与科技成果研发及应用投入成本的比值
		科技成果转化应用公司投入产出比	0.10	百万元投入科技成果转化应用项目收益额	0.10	以百万元为单位衡量公司科技研发投入产出的可转化应用的收益比率。（统计当年的单位实际投入与实际收入）
转化应用效果	0.25	科技成果应用技术成效实现度	0.15	/	0.15	衡量科技成果预期技术成效的实现程度，比对预期成效与实际成效
		对公司发展产业布局的贡献度	0.10	/	0.10	衡量科技成果对公司发展产业布局的贡献程度
转化应用影响	0.25	科技成果转化应用社会影响	0.25	转化类科技成果社会影响	0.25	衡量科技项目转化应用的社会影响，以项目为单位进行考察。根据统计年度科技项目产生的社会影响，按弱、一般、较好、正向强烈进行打分。或作为加分项

四、评价结果等级

A　级评分在 90 分（含）到 100 分之间，表明好；

B　级评分在 75 分（含）到 90 分之间，表明较好；

C　级评分在 60 分（含）到 75 分之间，表明一般；

D　级评分在 60 分以下，表明较差。

第六章　评价案例：500kV 肇花博输变电工程

为了验证本研究所构建的评价模型及其指标体系的科学性、可靠性以及实际应用成效，本研究按照案例真实性、资料的可获取性、同一性与差异性相结合等选择标准，选取 500kV 肇花博输变电工程项目为典型案例，该工程为广东 500kV 外环网的重要组成部分，是增强广东电网接受西电能力，保障广东电网安全运行，支持“西电东送”和西部大开发的需要。它的建设对提高广东电网的安全性、稳定性、接收西电能力和省内电力调配（内部西电东送）、运行检修安排有着重要的作用，并能极大地推进广东 500kV 内环网的改造和开环运行。该工程获得“2008 年度中国电力优质工程奖”。

本章将在对典型案例背景描述分析的基础上，开展电网新技术应用综合效益评价体系的应用分析。

第一节　典型案例背景概述

一、工程概况

500kV 肇花博输变电工程由六个子项目组成，其中包括：500kV 花都开关站新建工程、500kV 博罗变电站扩建花都出线工程、500kV 肇庆（砚都）变电站扩建花都出线工程、500kV 肇庆（砚都）—花都输电线路工程、500kV 曲江—北郊（两回）解口入花都线路工程、500kV 花都—博罗输电线路工程等。该工程于 2006 年建成投产，有利于提高广东消纳西电的能力，调剂广东电网余缺，提高广东电网的稳定性，缓解迎峰度夏期间广东电力供应紧张的形势。

工程变电部分包括新建 500kV 花都开关站，本期八个间隔；扩建 500kV 肇庆变电站和 500kV 博罗变电站，本期各两个间隔。

线路分为肇花段、花博段和曲北线 π 接段。肇庆至花都输电线路按同塔双回路建设，采用角钢塔，线路长约 2km × 140km；花都至博罗段也采用同塔双回路建设，采用钢管塔，线路长约 2km × 137km；曲北线 π 接段线路单回路长 1.115km，同塔双回路长 2km × 1.575km，采用角钢塔。肇花博线路导线均采用 4 × ACSR-720/50 钢芯铝绞线，曲北线 π 接段导线采用 4 × LGJ-400/35 钢芯铝绞线，地线均为 1 根普通地线加 1 根 OPGW 光缆。

肇花段北江大跨越，位于佛山三水区大塘镇，在柳贺罗二回工程和贵广交流工程北江大跨越之间。导线为 4 × AACSR/EST-450/20 特高强度钢芯铝合金绞线，地线为 1 根 JLB1B-63 铝包钢绞线 + 1 根 48 芯 OPGW 光缆。跨越采取耐—直—耐方式，耐张段全长 1.82km，其中跨越档长 1417m。跨越塔呼称高 130m，全高 157m，同塔双回布置。

二、技术创新与应用

肇花博输变电工程是南方电网公司的创新工程，制定了“安全可靠、经济适用、符合国情”的电力建设方针，确定了合理的建设标准，并在工程建设中，积极推行设计优化，稳妥地推动技术进步，提高工程建设的技术含量。

（一）变电工程

500kV 花都站采用具有一定运行经验以及投资省、占地面积少、接线过渡方便等优点的一个半断路器接线，总平面布置紧凑、合理，满足维护、检修的安全要求；变电站采用分布式综合自动化系统，具有较高的自动化水平。二次设备采用继保小室下放布置方式，节省了二次控制电缆。

500kV 构架采用柱顶避雷针形式代替以往柱顶避雷线形式，取消了中间构架的地线柱，节省了构架用钢量。全站采用多边形钢构支架，整齐划一，全站构支架为工厂化加工，实现标准化、规范化生产，缩短生产和安装时间。500kV 采用出线构架与母线构架合二为一的联合构架形式，减少占地，节省投资。地基采用强夯处理，局部较深填土区（6 ~ 12m）采用分层强夯处理方法，降低了土建工程造价、缩短了工期。主控楼采用 ϕ400 钢筋混凝土管桩。主控楼立面经过多方案比较和精心设计，造型新颖、立面美观实用，具有南方建筑特色，满足运行要求。

具体来看：

1. 该站是中国南方电网有限责任公司第一个使用500kV HGIS设备的变电站，亦是全国为数不多的使用 500kV HGIS 设备的变电站之一。HGIS 是不带母线的 GIS，其性价比高，符合广东人多土地资源少的省情。在一个半断路器接线中，进口 HGIS 一个完整串的设备价为国产 GIS 的 60%；与常规设备相比，一个完整串的设备价高约 80%，而占地面积则减少 1/4，安装时间缩短一半；其可靠性、安全性、检修周期长、维护方便、运行费用少等优点与 GIS 相当；在扩建灵活、检修和扩建停电时间短等方面则优于 GIS。

2. 该站是广东省内首批采用主变高架进线的 500kV 变电站之一。主变高架进线的优点在于能有效减少 500kV 场地的纵向尺寸。采用主变高架进线的一个完整串的占地面积为采用主变低架进线的 60%；与户外常规设备布置相比，占地面积减少约 50%。节约用地效果明显，具有较高的经济效益。

3. 该站采用载流量大、对构架拉力小的大管径（D−250）悬吊式管型母线，使构架轻型化，整齐、美观，与 HGIS 组成一种新型的配电装置形式。

4. 对变电站的电缆沟分段采用耐火材料进行封堵、防止电缆起火时火势蔓延。

5. 500kV 配电装置防雷保护采用构架柱顶避雷针形式代替以往的柱顶避雷线形式，取消了中间构架的地线柱，节省了构架用钢量。

6. 采用埋地式一体化污水处理装置，生活污水经处理后，提高了污水排放质量。

（二）线路工程

在设计全过程中始终按照“限额设计”的要求指导设计并花费大量精力进行

铁塔和基础的优化设计，铁塔和基础材料指标达到国内先进水平；该工程地形大部分为山地和高山大岭，为保护环境该工程铁塔采用全方位长短腿并突破常规长短腿高差达到 8m（国内一般高差 6m）；为降低基础混凝土量，在国内率先应用混凝土指标经济的等截面斜柱基础。

该工程在国内率先采用等截面斜柱基础，基础混凝土量与插入式基础指标接近，但铁塔与基础连接仍采用传统的地脚螺栓连接，计算模式与插入式角钢基础形式相同，该基础具有节省混凝土量、施工方便、允许基础根开有适度偏差、基础施工不受插入式角钢加工周期制约等优点，经过施工反馈，施工工艺易控制，经济效果显著。

在铁塔设计方面结合本工程实际设计了 14 种新塔型，为保护环境各塔型均采用全方位长短腿，长短腿高差突破到 8m（国内一般高差 6m），个别塔位由于地形陡长短腿高差达到 9m，铁塔设计在外形尺寸、杆件布置、横隔面及断面形式、接头位置、主材类型（角钢、钢管）等方面做了大量的计算对比比较工作，经过优化铁塔指标可再降低 15% 左右，效果十分明显。

第二节　电网新技术应用综合效益评价体系的应用分析

一、专家打分

为了验证本文所构建模型及其指标体系的实际应用成效，本书选取 500kV 肇花博输变电工程为例，该工程在变电和线路工程建设实践中应用了大量创新性施工技术。例如，500kV 肇花线运用了等截面斜柱柔性基础施工技术，是国内第一条 4×ACSR−720/50 钢芯铝绞线的同塔双回路输变电工程，由于铁塔吨位大大增加，首次采用等截面斜柱柔性基础。该基础施工工艺复杂，但满足基础承载力要求，减少了混凝土及钢筋的用量。

根据该实际案例的基本情况，邀请 20 位相关领域的理论研究专家和实务工作人员对其进行打分，这些人员有：从事电网基建工程项目的管理人员和一线工作人员；来自于不同高校和研究机构，从事该领域研究工作的教授以及博士研究生；第三方咨询机构和行业组织工作人员。专家情况如表 6−1 所示。

专家情况一览表　　表 6–1

可靠性指标	数据源标准
所处公司的基本类型	电网公司、高校、第三方咨询机构
参与工程项目的类型	电网工程（输变电工程、线路工程）
参与项目的电压等级	35 ~ 500kV
在所属工作职务要求	项目管理高层（具有一定决策权）
工程项目的管理年限	15 ~ 20 年
所处行业的声誉情况	具有良好的市场声誉

二、评价分析及结果

本书选取“等截面斜柱柔性基础施工技术”开展电网新技术的入库评价、电网新技术成果转化应用价值评价工作，具体情况如下：

（一）电网新技术入库评价

邀请相关领域的理论研究专家和实务工作人员对其进行打分，在将专家的评估意见进行汇总计算后，形成评价结果表，如表 6–2 所示。

电网新技术入库评价指标体系权重及其评分　　表 6–2

一级指标	权重	二级指标	权重	三级指标	权重	评分
技术评估	0.65	技术功能	0.41	技术成熟度	0.11	90
				技术原理	0.24	95
				技术先进度	0.06	88
		技术与市场	0.24	技术系统完整度	0.08	87
				技术推广度	0.09	97
				领域发展度	0.07	96
技术价值	0.35	产品与市场	0.25	政策适应度	0.18	91
				市场容量度	0.04	97
				市场竞争度	0.03	83
		产品效益	0.10	经济效益获取度	0.04	87
				社会效益获取度	0.06	89

综上，电网工程新技术推广应用经济效益评估结果为 91.96 分，根据前文评级分级，属于 A 级，属于可入库技术。

（二）电网新技术成果转化应用价值评价

邀请相关领域的理论研究专家和实务工作人员对其进行打分，在将专家的评估意见进行汇总计算后，形成评价结果表，如表 6–3 所示。

电网新技术成果转化应用价值评价权重及打分情况 表 6–3

一级指标	二级指标	三级指标	权重	打分
技术评估	技术功能	技术成熟度	0.15	92
		技术稳定度	0.05	91
		技术先进度	0.05	97
	技术与市场	技术系统完整度	0.10	85
		技术推广度	0.10	88
		领域发展度	0.05	95
价值评估	产品与市场	政策适应度	0.05	87
		市场容量度	0.03	93
		市场竞争度	0.02	81
	产品效益	经济效益获取度	0.10	80
		社会效益获取度	0.10	98
法律评估	转化法律	技术保护度	0.10	97
		技术自由度	0.10	93

综上，电网新技术成果转化应用价值评价结果为 90.81 分，根据前文评级分级，属于 A 级，说明该技术具有较好的转化应用价值。

（三）电网新技术应用绩效评价

邀请相关领域的理论研究专家和实务工作人员对其进行打分，在将专家的评估意见进行汇总计算后，形成评价结果表，如表 6–4 所示。

电网新技术应用绩效评价 表 6–4

一级指标	二级指标	三级指标	权重	打分
转化应用规模	科技成果转化应用体量	科技成果转化数量	0.03	98
		科技成果转化数量增长率	0.02	95
		科技成果应用数量	0.06	86
		科技成果应用数量增长率	0.04	84
	科技成果转化应用率	科技成果转化率	0.06	93
		科技成果应用率	0.03	97
		职创项目成果转化应用率	0.06	95

续表

一级指标	二级指标	三级指标	权重	打分
转化应用价值	科技成果转化应用项目投入产出比	科技成果转化投入产出比	0.07	91
		科技成果应用投入产出比	0.03	89
	科技成果转化应用公司投入产出比	百万元投入科技成果转化应用项目收益额	0.10	85
转化应用效果	科技成果应用技术成效实现度	/	0.15	99
	对公司发展产业布局的贡献度	/	0.10	97
转化应用影响	科技成果转化应用社会影响	转化类科技成果社会影响	0.25	95

综上，电网新技术应用绩效评价结果为93.39分，根据上一章评级分级，属于A级，说明该技术具有较好的应用绩效。

第七章　研究结论与对策建议

第一节　研究结论

在新一轮电力体制改革背景下，电网企业正处于改革的关键时期，科技创新和实践应用成为其推动改革、发展电网的持续原动力。近年来，电力行业生产力与生产关系发生变革，新型技术、理念与传统电力行业实现融合，使得电网表现出新的技术发展趋势。为进一步加快电网新技术的研发与研究成果的实践应用，多渠道、多路径、多方式加速整合现有新技术成果，实现电网关键核心技术得到充分、广泛应用，电网新技术应用综合效益评价模型构建工作已经形成一定的现实需求。

一、已有研究成果积淀为本书的开展提供了可行性

受国内已有的相关研究成果启示，电网新技术应用综合效益评价模型研究借鉴式地参考了相关评价指标体系开发原则、程序与方法，并充分结合电网新技术的基本特征与特性。本书在对国内外相关文献资料整理分析的基础上，结合电网新技术的内涵和特性，对照国内外技术评价发展现状，在保证科学与实用性的基础上，开发了电网新技术应用综合效益评价体系。

二、本书所构建的模型为提升电网企业科技投资效率提供支撑

在新形势、新变革情境下，本书课题所构建的电网新技术应用综合效益评价模型，考虑了电网新技术的基本特征，选取了成熟、典型的评价指标，通过对上述指标体系的实践应用提供技术支撑，为提升电网企业科技投资效率和产出价值、提高电网企业科技投资决策的科学化水平提供了理论支撑。

三、本书构建的评价模型通过案例验证了模型的实用性

结合评价指标体系具有同时包含定性与定量指标的特点，本书应用相关研究

方法建立起评价指标体系。指标内容的不同，评价依据的标准也不同。课题针对不同的指标，给出了指标权重和评分标准。通过评价指标体系的构建，使纷繁复杂的评价工作用统一的尺度转化为可比的结果。

四、建立起与电网技术发展水平相适应的综合效益评价模型

技术评价工作有利于为技术管理、技术决策和技术交易进行决策服务，促进行业技术创新。在新形势、新变革情境下，本书所构建的评价模型，考虑了电网新技术的基本特征，选取了成熟、典型的评价指标，通过对上述指标体系的实践应用，可以有效科学评价已投入使用的电网新技术的应用水平，同时可有效评价待实施科技项目的应用价值，为电网新技术入库提供技术支撑，提升了电网企业科技投资效率和产出价值，提高了电网企业科技投资决策的科学化水平。

第二节　对策建议

一、建章立制，构建完善的电网新技术推广应用入库评价制度

建立电网新技术推广应用入库评价管理及监控制度。评估的管理及监控，要以制度形式加以规范。要改变对评估过程的监督检查以及信息管理欠缺的现状，制定评估管理办法，要从评估项目的确立、评估原则的拟定、评估思路的明确、评估系统的建立、评估主体的界定、评估方法的选择、评估结果处理以及评估人才的培养和评估过程中应该注意的若干事项等方面予以规范。建立评估信息反馈机制和信息公开制度。因此，针对评估最终形成的评估结论，如不涉及保密内容，建议在一定范围内加以公开，并通过相关传播渠道进行公开，加强管理工作的了解和监督，最大限度发挥评估的作用。

二、重点突出，不断加强核心关键人才的培养与经费的投入

精准发力、靶向支持，构建具有竞争力的引才用才机制。制定相关配套措施，营造人才成长发展的良好环境，统筹推进人才队伍建设，为可持续发展提供人才保障和智力支撑。此外，重点围绕研究方向补人才短板，通过急需人才的引进，为优化专业配置、进一步完善研发团队提供人才保障。为了填补电网新技术研发

基础薄弱的现状，应持续增加电网新技术研发经费投入。需要注意的是，在增加研发经费投入的同时，应注重投入结构效益，要科学、系统、合理的分配研发经费，理论研究和技术开发做到合理搭配，不断加大转化投入比例，用有效的研发经费带来最大的研发回报。此外，对于亟待解决的关键核心和前沿技术，需要保证研发经费到位，实现有效应用。切实提升研发成果质量，除需着力人员素质提升，加强专业团队建设，优化存量资源配置，扩大优质增量供给外，还需重点在以下方面下功夫：一是明确质量管控目标和成果考核指标。建立质量管控目标，并细化到成果的具体考核指标。二是形成完整的研发框架体系，为研发成果质量奠定坚实基础。三是改善、优化研发成果转化奖惩办法，积极促进成果转化。

三、强化意识，注重研究新入库技术的成果转化和社会效益

技术评价的工作与建设项目评价类似，由于特殊的“委托—代理”关系（相关市场主体、行政主管机构是真正的委托者，而形式上的委托者则是技术开发主体，技术评价的执行收费将由技术评价委托方支付），因此极易产生技术评价中的道德风险，即技术评价工作成为相关主体“寻租”的工具，丧失客观性、中立性和科学性。入库后的电网新技术，应更加注重研究新入库技术的成果转化和社会效益。此外，本书指标体系的建立受限于研究力量、专家参与程度等客观原因，因此需要加强全面性、科学性和可操作性的完善和相应论证。

参考文献

[1] 黄勇兵，谭义勋．我国发明专利申请授权现状分析[J]. 法制与社会，2007(01):705−706.

[2] 李向阳，喇果彦，向英等．大云物移智等新技术在电网应用的研究[J]. 电力信息与通信技术，2019，17(01):93−97.

[3] 郑漳华．储能技术在电网中的应用发展[J]. 国家电网，2016,(05):100−101.

[4] 贾欣昊，宋维明，刘德贤等．软科学成果评价指标与方法[J]. 郑州航空工业管理学院学报，1991(02):3−7.

[5] 赵井卫．创新科技服务模式促进科技成果转化[J]. 中国公路，2017(17):62−64.

[6] 孙传分．用科技引领未来发展[J]. 中国经济报告，2018(12):114−119.

[7] 王春娟．穆棱市土地整理项目综合效益评价研究[D]. 东北农业大学，2018.

[8] 吴瑞珠．政府投资基本建设项目绩效评价指标体系的构建研究[D]. 天津理工大学，2014.

[9] 王慧．电网项目后评价系统研究[D]. 天津理工大学，2011.

[10] 韩旭．大型公共建筑工程项目综合效益评价研究[D]. 广西师范大学，2014.

[11] 王凡．云南XX医药集团整体搬迁项目综合后评价[D]. 云南大学，2013.

[12] 张旭峰．基于多级物元分析的火电厂竞争力评价模型[D]. 华北电力大学（河北），2007.

[13] 浦军．中国企业对外投资效益评价体系理论与方法研究[D]. 对外经济贸易大学，2005.

[14] 王彩霞．博士研究生科研能力评价指标体系及评价方法研究[D]. 西南交通大学，2006.

[15] 冯鸿雁．财政支出绩效评价体系构建及其应用研究[D]. 天津大学，2004.

[16] 缪宛新．火电厂可持续发展的评价模型及案例分析 [D]. 华北电力大学（河北）,2007.

[17] 王晓梅．新疆少数民族科技骨干特殊培养评价及信息库管理系统的研究 [D]. 新疆师范大学 ,2008.

[18] 陈莉．北京市电力工业可持续发展指标体系与评价方法研究 [D]. 华北电力大学（河北）,2004.

[19] 周广柱．高校科研型人才引进可行性评价研究 [D]. 南京航空航天大学 ,2008.

[20] 孔闰英．科学发展指标体系及评价方法研究 [D]. 天津大学 ,2009.

[21] 李燕．电网建设项目投资效率评价方法及其信息系统研究 [D]. 华北电力大学 ,2014.

[22] 苏为华．多指标综合评价理论与方法问题研究 [D]. 厦门大学 ,2000.

[23] 吴华滨．系统工程理论在企业技改项目管理中的应用研究 [D]. 北京交通大学 ,2004.

[24] 陈良美．建筑新技术评价模式及指标体系设计研究 [D]. 重庆大学 ,2005.

[25] 原君静．农机企业技术评价指标体系研究与应用 [D]. 中国农业大学 ,2001.

[26] 梅述恩．风险企业的技术评价与技术管理研究 [D]. 武汉理工大学 ,2003.

[27] 毛明芳．现代技术风险的生成与规避研究 [D]. 中共中央党校 ,2010.

[28] 赵树宽，鞠晓伟．技术评价模式演化与发展综述 [J]. 科技进步与对策，2007(03):197-200.

[29] 杨红影．高新技术成果转化项目的技术经济评价 [D]. 哈尔滨工程大学 ,2007.

[30] 王素君，张岳恒．农业产业化技术风险测评 [J]. 企业经济，2004(05):17-20.

[31] 李毅，汪滨琳．技术负效果的起因与技术评价 [J]. 中国软科学，1999(11):87-91.

[32] 李世新．从技术评估到工程的社会评价——兼论工程与技术的区别 [J]. 北京理工大学学报：社会科学版，2007，9(03).

[33] 谈毅，仝允桓．公众参与技术评价的意义和政治影响分析 [J]. 科学学研究，2004(04):36-40.

[34] 孙琳岚．农业科技发展水平测度指标与方法研究 [D]. 安徽农业大学 ,2009.

[35] 王振颖．高新技术改造传统产业项目的技术经济评价研究 [D]. 河北工业大学 ,2004.

[36] 姜明伦，李瑞光．农业科技进步评价指标与评价方法研究综述 [J]. 农村经济与科技，2008，19(01):64-65.
[37] 沈滢，陈敏．新型制造业企业技术评价及管理 [J]. 企业研究，2006(006):73-74.
[38] 王嘉．科技成果评估方法与指标体系的研究 [D]. 中国矿业大学（北京），2010.
[39] 余克强．试论科技成果价值的分析与评估 [J]. 科技创新导报，2006(09):177-178.
[40] 赵晖．科技成果评价及指标体系研究 [D]. 天津大学，2009.
[41] 刘菲．煤炭企业知识管理系统构建与评价 [D]. 山西财经大学，2010.
[42] 黄佳．软科学成果评价指标体系及模型研究 [D]. 山东大学，2014.

附录：相关法律法规、政策精选

附件1：国务院办公厅《关于印发促进科技成果转移转化行动方案的通知》（国办发〔2016〕28号）

各省、自治区、直辖市人民政府，国务院各部委、各直属机构：

《促进科技成果转移转化行动方案》已经国务院同意，现印发给你们，请认真贯彻落实。

国务院办公厅

2016年4月21日

促进科技成果转移转化行动方案

促进科技成果转移转化是实施创新驱动发展战略的重要任务，是加强科技与经济紧密结合的关键环节，对于推进结构性改革尤其是供给侧结构性改革、支撑经济转型升级和产业结构调整，促进大众创业、万众创新，打造经济发展新引擎具有重要意义。为深入贯彻党中央、国务院一系列重大决策部署，落实《中华人民共和国促进科技成果转化法》，加快推动科技成果转化为现实生产力，依靠科技创新支撑稳增长、促改革、调结构、惠民生，特制定本方案。

一、总体思路

深入贯彻落实党的十八大、十八届三中、四中、五中全会精神和国务院部署，紧扣创新发展要求，推动大众创新创业，充分发挥市场配置资源的决定性作用，更好发挥政府作用，完善科技成果转移转化政策环境，强化重点领域和关键环节的系统部署，强化技术、资本、人才、服务等创新资源的深度融合与优化配置，强化中央和地方协同推动科技成果转移转化，建立符合科技创新规律和市场经济规律的科技成果转移转化体系，促进科技成果资本化、产业化，形成经济持续稳定增长新动力，为到2020年进入创新型国家行列、实现全面建成小康社会奋斗目标作出贡献。

（一）基本原则。

——市场导向。发挥市场在配置科技创新资源中的决定性作用，强化企业转移转化科技成果的主体地位，发挥企业家整合技术、资金、人才的关键作用，推进产学研协同创新，大力发展技术市场。完善科技成果转移转化的需求导向机制，拓展新技术、新产品的市场应用空间。

——政府引导。加快政府职能转变，推进简政放权、放管结合、优化服务，强化政府在科技成果转移转化政策制定、平台建设、人才培养、公共服务等方面职能，发挥财政资金引导作用，营造有利于科技成果转移转化的良好环境。

——纵横联动。加强中央与地方的上下联动，发挥地方在推动科技成果转移转化中的重要作用，探索符合地方实际的成果转化有效路径。加强部门之间统筹协同、军民之间融合联动，在资源配置、任务部署等方面形成共同促进科技成果转化的合力。

——机制创新。充分运用众创、众包、众扶、众筹等基于互联网的创新创业新理念，建立创新要素充分融合的新机制，充分发挥资本、人才、服务在科技成果转移转化中的催化作用，探索科技成果转移转化新模式。

（二）主要目标。

“十三五”期间，推动一批短中期见效、有力带动产业结构优化升级的重大科技成果转化应用，企业、高校和科研院所科技成果转移转化能力显著提高，市场化的技术交易服务体系进一步健全，科技型创新创业蓬勃发展，专业化技术转移人才队伍发展壮大，多元化的科技成果转移转化投入渠道日益完善，科技成果转移转化的制度环境更加优化，功能完善、运行高效、市场化的科技成果转移转化体系全面建成。

主要指标：建设100个示范性国家技术转移机构，支持有条件的地方建设10个科技成果转移转化示范区，在重点行业领域布局建设一批支撑实体经济发展的众创空间，建成若干技术转移人才培养基地，培养1万名专业化技术转移人才，全国技术合同交易额力争达到2万亿元。

二、重点任务

围绕科技成果转移转化的关键问题和薄弱环节，加强系统部署，抓好措施落实，形成以企业技术创新需求为导向、以市场化交易平台为载体、以专业化服务机构为支撑的科技成果转移转化新格局。

（一）开展科技成果信息汇交与发布。

1. 发布转化先进适用的科技成果包。围绕新一代信息网络、智能绿色制造、现代农业、现代能源、资源高效利用和生态环保、海洋和空间、智慧城市和数字社会、人口健康等重点领域，以需求为导向发布一批符合产业转型升级方向、投资规模与产业带动作用大的科技成果包。发挥财政资金引导作用和科技中介机构的成果筛选、市场化评估、融资服务、成果推介等作用，鼓励企业探索新的商业模式和科技成果产业化路径，加速重大科技成果转化应用。引导支持农业、医疗卫生、生态建设等社会公益领域科技成果转化应用。

2. 建立国家科技成果信息系统。制定科技成果信息采集、加工与服务规范，推动中央和地方各类科技计划、科技奖励成果存量与增量数据资源互联互通，构建由财政资金支持产生的科技成果转化项目库与数据服务平台。完善科技成果信息共享机制，在不泄露国家秘密和商业秘密的前提下，向社会公布科技成果和相关知识产权信息，提供科技成果信息查询、筛选等公益服务。

3. 加强科技成果信息汇交。建立健全各地方、各部门科技成果信息汇交工作机制，推广科技成果在线登记汇交系统，畅通科技成果信息收集渠道。加强科技成果管理与科技计划项目管理的有机衔接，明确由财政资金设立的应用类科技项目承担单位的科技成果转化义务，开展应用类科技项目成果以及基础研究中具有应用前景的科研项目成果信息汇交。鼓励非财政资金资助的科技成果进行信息汇交。

4. 加强科技成果数据资源开发利用。围绕传统产业转型升级、新兴产业培育发展需求，鼓励各类机构运用云计算、大数据等新一代信息技术，积极开展科技成果信息增值服务，提供符合用户需求的精准科技成果信息。开展科技成果转化为技术标准试点，推动更多应用类科技成果转化为技术标准。加强科技成果、科技报告、科技文献、知识产权、标准等的信息化关联，各地方、各部门在规划制定、计划管理、战略研究等方面要充分利用科技成果资源。

5. 推动军民科技成果融合转化应用。建设国防科技工业成果信息与推广转化平台，研究设立国防科技工业军民融合产业投资基金，支持军民融合科技成果推广应用。梳理具有市场应用前景的项目，发布军用技术转民用推广目录、“民参军”技术与产品推荐目录、国防科技工业知识产权转化目录。实施军工技术推广专项，推动国防科技成果向民用领域转化应用。

（二）产学研协同开展科技成果转移转化。

6. 支持高校和科研院所开展科技成果转移转化。组织高校和科研院所梳理科技成果资源，发布科技成果目录，建立面向企业的技术服务站点网络，推动科技成果与产业、企业需求有效对接，通过研发合作、技术转让、技术许可、作价投资等多种形式，实现科技成果市场价值。依托中国科学院的科研院所体系实施科技服务网络计划，围绕产业和地方需求开展技术攻关、技术转移与示范、知识产权运营等。鼓励医疗机构、医学研究单位等构建协同研究网络，加强临床指南和规范制定工作，加快新技术、新产品应用推广。引导有条件的高校和科研院所建立健全专业化科技成果转移转化机构，明确统筹科技成果转移转化与知识产权管理的职责，加强市场化运营能力。在部分高校和科研院所试点探索科技成果转移转化的有效机制与模式，建立职务科技成果披露与管理制度，实行技术经理人市场化聘用制，建设一批运营机制灵活、专业人才集聚、服务能力突出、具有国际影响力的国家技术转移机构。

7. 推动企业加强科技成果转化应用。以创新型企业、高新技术企业、科技型中小企业为重点，支持企业与高校、科研院所联合设立研发机构或技术转移机构，共同开展研究开发、成果应用与推广、标准研究与制定等。围绕“互联网 +”战略开展企业技术难题竞标等“研发众包”模式探索，引导科技人员、高校、科研院所承接企业的项目委托和难题招标，聚众智推进开放式创新。市场导向明确的科技计划项目由企业牵头组织实施。完善技术成果向企业转移扩散的机制，支持企业引进国内外先进适用技术，开展技术革新与改造升级。

8. 构建多种形式的产业技术创新联盟。围绕“中国制造 2025”“互联网 +”等国家重点产业发展战略以及区域发展战略部署，发挥行业骨干企业、转制科研院所主导作用，联合上下游企业和高校、科研院所等构建一批产业技术创新联盟，围绕产业链构建创新链，推动跨领域跨行业协同创新，加强行业共性关键技术研发和推广应用，为联盟成员企业提供订单式研发服务。支持联盟承担重大科技成果转化项目，探索联合攻关、利益共享、知识产权运营的有效机制与模式。

9. 发挥科技社团促进科技成果转移转化的纽带作用。以创新驱动助力工程为抓手，提升学会服务科技成果转移转化能力和水平，利用学会服务站、技术研发基地等柔性创新载体，组织动员学会智力资源服务企业转型升级，建立学会联系企业的长效机制，开展科技信息服务，实现科技成果转移转化供给端与需求端的精准对接。

（三）建设科技成果中试与产业化载体。

10. 建设科技成果产业化基地。瞄准节能环保、新一代信息技术、生物技术、高端装备制造、新能源、新材料、新能源汽车等战略性新兴产业领域，依托国家自主创新示范区、国家高新区、国家农业科技园区、国家可持续发展实验区、国家大学科技园、战略性新兴产业集聚区等创新资源集聚区域以及高校、科研院所、行业骨干企业等，建设一批科技成果产业化基地，引导科技成果对接特色产业需求转移转化，培育新的经济增长点。

11. 强化科技成果中试熟化。鼓励企业牵头、政府引导、产学研协同，面向产业发展需求开展中试熟化与产业化开发，提供全程技术研发解决方案，加快科技成果转移转化。支持地方围绕区域特色产业发展、中小企业技术创新需求，建设通用性或行业性技术创新服务平台，提供从实验研究、中试熟化到生产过程所需的仪器设备、中试生产线等资源，开展研发设计、检验检测认证、科技咨询、技术标准、知识产权、投融资等服务。推动各类技术开发类科研基地合理布局和功能整合，促进科研基地科技成果转移转化，推动更多企业和产业发展亟需的共性技术成果扩散与转化应用。

（四）强化科技成果转移转化市场化服务。

12. 构建国家技术交易网络平台。以“互联网 +”科技成果转移转化为核心，以需求为导向，连接技术转移服务机构、投融资机构、高校、科研院所和企业等，集聚成果、资金、人才、服务、政策等各类创新要素，打造线上与线下相结合的国家技术交易网络平台。平台依托专业机构开展市场化运作，坚持开放共享的运营理念，支持各类服务机构提供信息发布、融资并购、公开挂牌、竞价拍卖、咨询辅导等专业化服务，形成主体活跃、要素齐备、机制灵活的创新服务网络。引导高校、科研院所、国有企业的科技成果挂牌交易与公示。

13. 健全区域性技术转移服务机构。支持地方和有关机构建立完善区域性、行业性技术市场，形成不同层级、不同领域技术交易有机衔接的新格局。在现有的技术转移区域中心、国际技术转移中心基础上，落实“一带一路”、京津冀协同发展、长江经济带等重大战略，进一步加强重点区域间资源共享与优势互补，提升跨区域技术转移与辐射功能，打造连接国内外技术、资本、人才等创新资源的技术转移网络。

14. 完善技术转移机构服务功能。完善技术产权交易、知识产权交易等各类平台功能，促进科技成果与资本的有效对接。支持有条件的技术转移机构与天使投资、创业投资等合作建立投资基金，加大对科技成果转化项目的投资力度。鼓励国内机构与国际知名技术转移机构开展深层次合作，围绕重点产业技术需求引进国外先进适用的科技成果。鼓励技术转移机构探索适应不同用户需求的科技成果评价方法，提升科技成果转移转化成功率。推动行业组织制定技术转移服务标准和规范，建立技术转移服务评价与信用机制，加强行业自律管理。

15. 加强重点领域知识产权服务。实施“互联网 +”融合重点领域专利导航项目，引导“互联网 +”协同制造、现代农业、智慧能源、绿色生态、人工智能等融合领域的知识产权战略布局，提升产业创新发展能力。开展重大科技经济活动知识产权分析评议，为战略规划、政策制定、项目确立等提供依据。针对重点产业完善国际化知识产权信息平台，发布“走向海外”知识产权实务操作指引，为企业“走出去”提供专业化知识产权服务。

（五）大力推动科技型创新创业。

16. 促进众创空间服务和支撑实体经济发展。重点在创新资源集聚区域，依托行业龙头企业、高校、科研院所，在电子信息、生物技术、高端装备制造等重点领域建设一批以成果转移转化为主要内容、专业服务水平高、创新资源配置优、产业辐射带动作用强的众创空间，有效支撑实体经济发展。构建一批支持农村科技创新创业的“星创天地”。支持企业、高校和科研院所发挥科研设施、专业团队、技术积累等专业领域创新优势，为创业者提供技术研发服务。吸引更多科技人员、海外归国人员等高端创业人才入驻众创空间，重点支持以核心技术为源头的创新创业。

17. 推动创新资源向创新创业者开放。引导高校、科研院所、大型企业、技术转移机构、创业投资机构以及国家级科研平台（基地）等，将科研基础设施、大型科研仪器、科技数据文献、科技成果、创投资金等向创新创业者开放。依托 3D 打印、大数据、网络制造、开源软硬件等先进技术和手段，支持各类机构为创新创业者提供便捷的创新创业工具。支持高校、企业、孵化机构、投资机构等开设创新创业培训课程，鼓励经验丰富的企业家、天使投资人和专家学者等担任创业导师。

18. 举办各类创新创业大赛。组织开展中国创新创业大赛、中国创新挑战赛、中国“互联网 +”大学生创新创业大赛、中国农业科技创新创业大赛、中国科技创新创业人才投融资集训营等活动，支持地方和社会各界举办各类创新创业大赛，集聚整合创业投资等各类资源支持创新创业。

（六）建设科技成果转移转化人才队伍。

19. 开展技术转移人才培养。充分发挥各类创新人才培养示范基地作用，依托有条件的地方和机构建设一批技术转移人才培养基地。推动有条件的高校设立科技成果转化相关课程，打造一支高水平的师资队伍。加快培养科技成果转移转化领军人才，纳入各类创新创业人才引进培养计划。推动建设专业化技术经纪人队伍，畅通职业发展通道。鼓励和规范高校、科研院所、企业中符合条件的科技人员从事技术转移工作。与国际技术转移组织联合培养国际化技术转移人才。

20. 组织科技人员开展科技成果转移转化。紧密对接地方产业技术创新、农业农村发展、社会公益等领域需求，继续实施万名专家服务基层行动计划、科技特派员、科技创业者行动、企业院士行、先进适用技术项目推广等，动员高校、科研院所、企业的科技人员及高层次专家，深入企业、园区、农村等基层一线开展技术咨询、技术服务、科技攻关、成果推广等科技成果转移转化活动，打造一支面向基层的科技成果转移转化人才队伍。

21. 强化科技成果转移转化人才服务。构建“互联网＋”创新创业人才服务平台，提供科技咨询、人才计划、科技人才活动、教育培训等公共服务，实现人才与人才、人才与企业、人才与资本之间的互动和跨界协作。围绕支撑地方特色产业培育发展，建立一批科技领军人才创新驱动中心，支持有条件的企业建设院士（专家）工作站，为高层次人才与企业、地方对接搭建平台。建设海外科技人才离岸创新创业基地，为引进海外创新创业资源搭建平台和桥梁。

（七）大力推动地方科技成果转移转化。

22. 加强地方科技成果转化工作。健全省、市、县三级科技成果转化工作网络，强化科技管理部门开展科技成果转移转化的工作职能，加强相关部门之间的协同配合，探索适应地方成果转化要求的考核评价机制。加强基层科技管理机构与队伍建设，完善承接科技成果转移转化的平台与机制，宣传科技成果转化政策，帮助中小企业寻找应用科技成果，搭建产学研合作信息服务平台。指导地方探索“创新券”等政府购买服务模式，降低中小企业技术创新成本。

23. 开展区域性科技成果转移转化试点示范。以创新资源集聚、工作基础好的省（区、市）为主导，跨区域整合成果、人才、资本、平台、服务等创新资源，建设国家科技成果转移转化试验示范区，在科技成果转移转化服务、金融、人才、政策等方面，探索形成一批可复制、可推广的工作经验与模式。围绕区域特色产业发展技术瓶颈，推动一批符合产业转型发展需求的重大科技成果在示范区转化与推广应用。

（八）强化科技成果转移转化的多元化资金投入。

24. 发挥中央财政对科技成果转移转化的引导作用。发挥国家科技成果转化引导基金等的杠杆作用，采取设立子基金、贷款风险补偿等方式，吸引社会资本投入，支持关系国计民生和产业发展的科技成果转化。通过优化整合后的技术创新引导专项（基金）、基地和人才专项，加大对符合条件的技术转移机构、基地和人才的支持力度。国家科技重大专项、重点研发计划支持战略性重大科技成果产业化前期攻关和示范应用。

25. 加大地方财政支持科技成果转化力度。引导和鼓励地方设立创业投资引导、科技成果转化、知识产权运营等专项资金（基金），引导信贷资金、创业投资资金以及各类社会资金加大投入，支持区域重点产业科技成果转移转化。

26. 拓宽科技成果转化资金市场化供给渠道。大力发展创业投资，培育发展天使投资人和创投机构，支持初创期科技企业和科技成果转化项目。利用众筹等互联网金融平台，为小微企业转移转化科技成果拓展融资渠道。支持符合条件的创新创业企业通过发行债券、资产证券化等方式进行融资。支持银行探索股权投资与信贷投放相结合的模式，为科技成果转移转化提供组合金融服务。

三、组织与实施

（一）加强组织领导。各有关部门要根据职能定位和任务分工，加强政策、资源统筹，建立协同推进机制，形成科技部门、行业部门、社会团体等密切配合、协同推进的工作格局。强化中央和地方协同，加强重点任务的统筹部署及创新资源的统筹配置，形成共同推进科技成果转移转化的合力。各地方要将科技成果转移转化工作纳入重要议事日程，强化科技成果转移转化工作职能，结合实际制定具体实施方案，明确工作推进路线图和时间表，逐级细化分解任务，切实加大资金投入、政策支持和条件保障力度。

（二）加强政策保障。落实《中华人民共和国促进科技成果转化法》及相关政策措施，完善有利于科技成果转移转化的政策环境。建立科研机构、高校科技成果转移转化绩效评估体系，将科技成果转移转化情况作为对单位予以支持的参考依据。推动科研机构、高校建立符合自身人事管理需要和科技成果转化工作特点的职称评定、岗位管理和考核评价制度。完善有利于科技成果转移转化的事业单位国有资产管理相关政策。研究探索科研机构、高校领导干部正职任前在科技成果转化中获得股权的代持制度。各地方要围绕落实《中华人民共和国促进科技成果转化法》，完善促进科技成果转移转化的政策法规。建立实施情况监测与评估机制，为调整完善相关政策举措提供支撑。

（三）加强示范引导。加强对试点示范工作的指导推动，交流各地方各部门的好经验、好做法，对可复制、可推广的经验和模式及时总结推广，发挥促进科技成果转移转化行动的带动作用，引导全社会关心和支持科技成果转移转化，营造有利于科技成果转移转化的良好社会氛围。

附件2：国务院关于印发《国家技术转移体系建设方案》的通知（国发〔2017〕44号）

各省、自治区、直辖市人民政府，国务院各部委、各直属机构：

现将《国家技术转移体系建设方案》印发给你们，请认真贯彻执行。

国务院

2017年9月15日

国家技术转移体系建设方案

国家技术转移体系是促进科技成果持续产生，推动科技成果扩散、流动、共享、应用并实现经济与社会价值的生态系统。建设和完善国家技术转移体系，对于促进科技成果资本化产业化、提升国家创新体系整体效能、激发全社会创新创业活力、促进科技与经济紧密结合具有重要意义。党中央、国务院高度重视技术转移工作。改革开放以来，我国科技成果持续产出，技术市场有序发展，技术交易日趋活跃，但也面临技术转移链条不畅、人才队伍不强、体制机制不健全等问题，迫切需要加强系统设计，构建符合科技创新规律、技术转移规律和产业发展规律的国家技术转移体系，全面提升科技供给与转移扩散能力，推动科技成果加快转化为经济社会发展的现实动力。为深入落实《中华人民共和国促进科技成果转化法》，加快建设和完善国家技术转移体系，制定本方案。

一、总体要求

（一）指导思想。

全面贯彻党的十八大和十八届三中、四中、五中、六中全会精神，深入贯彻习近平总书记系列重要讲话精神和治国理政新理念新思想新战略，按照党中央、国务院决策部署，统筹推进“五位一体”总体布局和协调推进“四个全面”战略布局，坚持稳中求进工作总基调，牢固树立和贯彻落实新发展理念，深入实施创新驱动发展战略，激发创新主体活力，加强技术供需对接，优化要素配置，完善政策环境，发挥技术转移对提升科技创新能力、促进经济社会发展的重要作用，为加快建设创新型国家和世界科技强国提供有力支撑。

（二）基本原则。

——市场主导，政府推动。发挥市场在促进技术转移中的决定性作用，强化市场加快科学技术渗透扩散、促进创新要素优化配置等功能。政府注重抓战略、抓规划、抓政策、抓服务，为技术转移营造良好环境。

——改革牵引，创新机制。遵循技术转移规律，把握开放式、网络化、非线性创新范式的新特征，探索灵活多样的技术转移体制机制，调动各类创新主体和技术转移载体的积极性。

——问题导向，聚焦关键。聚焦技术转移体系的薄弱环节和转移转化中的关键症结，提出有针对性、可操作的政策措施，补齐技术转移短板，打通技术转移链条。

——纵横联动，强化协同。加强中央与地方联动、部门与行业协同、军用与民用融合、国际与国内联通，整合各方资源，实现各地区、各部门、各行业技术转移工作的衔接配套。

（三）建设目标。

到2020年，适应新形势的国家技术转移体系基本建成，互联互通的技术市场初步形成，市场化的技术转移机构、专业化的技术转移人才队伍发展壮大，技术、资本、人才等创新要素有机融合，技术转移渠道更加畅通，面向“一带一路”沿线国家等的国际技术转移广泛开展，有利于科技成果资本化、产业化的体制机制基本建立。

到2025年，结构合理、功能完善、体制健全、运行高效的国家技术转移体系全面建成，技术市场充分发育，各类创新主体高效协同互动，技术转移体制机制更加健全，科技成果的扩散、流动、共享、应用更加顺畅。

（四）体系布局。

建设和完善国家技术转移体系是一项系统工程，要着眼于构建高效协同的国家创新体系，从技术转移的全过程、全链条、全要素出发，从基础架构、转移通道、支撑保障三个方面进行系统布局。

——基础架构。发挥企业、高校、科研院所等创新主体在推动技术转移中的重要作用，以统一开放的技术市场为纽带，以技术转移机构和人才为支撑，加强科技成果有效供给与转化应用，推动形成紧密互动的技术转移网络，构建技术转移体系的“四梁八柱”。

——转移通道。通过科研人员创新创业以及跨军民、跨区域、跨国界技术转移，增强技术转移体系的辐射和扩散功能，推动科技成果有序流动、高效配置，引导技术与人才、资本、企业、产业有机融合，加快新技术、新产品、新模式的广泛渗透与应用。

——支撑保障。强化投融资、知识产权等服务，营造有利于技术转移的政策环境，确保技术转移体系高效运转。

二、优化国家技术转移体系基础架构

（五）激发创新主体技术转移活力。

强化需求导向的科技成果供给。发挥企业在市场导向类科技项目研发投入和组织实施中的主体作用，推动企业等技术需求方深度参与项目过程管理、验收评估等组织实施全过程。在国家重大科技项目中明确成果转化任务，设立与转化直接相关的考核指标，完善“沿途下蛋”机制，拉近成果与市场的距离。引导高校和科研院所结合发展定位，紧贴市场需求，开展技术创新与转移转化活动；强化高校、科研院所科技成果转化情况年度报告的汇交和使用。

促进产学研协同技术转移。发挥国家技术创新中心、制造业创新中心等平台载体作用，推动重大关键技术转移扩散。依托企业、高校、科研院所建设一批聚焦细分领域的科技成果中试、熟化基地，推广技术成熟度评价，促进技术成果规模化应用。支持企业牵头会同高校、科研院所等共建产业技术创新战略联盟，以技术交叉许可、建立专利池等方式促进技术转移扩散。加快发展新型研发机构，探索共性技术研发和技术转移的新机制。充分发挥学会、行业协会、研究会等科技社团的优势，依托产学研协同共同体推动技术转移。

面向经济社会发展急需领域推动技术转移。围绕环境治理、精准扶贫、人口健康、公共安全等社会民生领域的重大科技需求，发挥临床医学研究中心等公益性技术转移平台作用，发布公益性技术成果指导目录，开展示范推广应用，让人民群众共享先进科技成果。聚焦影响长远发展的战略必争领域，加强技术供需对接，加快推动重大科技成果转化应用。瞄准人工智能等覆盖面大、经济效益明显的重点领域，加强关键共性技术推广应用，促进产业转型升级。面向农业农村经济社会发展科技需求，充分发挥公益性农技推广机构为主、社会化服务组织为补充的“一主多元”农技推广体系作用，加强农业技术转移体系建设。

（六）建设统一开放的技术市场。

构建互联互通的全国技术交易网络。依托现有的枢纽型技术交易网络平台，通过互联网技术手段连接技术转移机构、投融资机构和各类创新主体等，集聚成果、资金、人才、服务、政策等创新要素，开展线上线下相结合的技术交易活动。

加快发展技术市场。培育发展若干功能完善、辐射作用强的全国性技术交易市场，健全与全国技术交易网络联通的区域性、行业性技术交易市场。推动技术市场与资本市场联动融合，拓宽各类资本参与技术转移投资、流转和退出的渠道。

提升技术转移服务水平。制定技术转移服务规范，完善符合科技成果交易特点的市场化定价机制，明确科技成果拍卖、在技术交易市场挂牌交易、协议成交信息公示等操作流程。建立健全技术转移服务业专项统计制度，完善技术合同认定规则与登记管理办法。

（七）发展技术转移机构。

强化政府引导与服务。整合强化国家技术转移管理机构职能，加强对全国技术交易市场、技术转移机构发展的统筹、指导、协调，面向全社会组织开展财政资助产生的科技成果信息收集、评估、转移服务。引导技术转移机构市场化、规范化发展，提升服务能力和水平，培育一批具有示范带动作用的技术转移机构。

加强高校、科研院所技术转移机构建设。鼓励高校、科研院所在不增加编制的前提下建设专业化技术转移机构，加强科技成果的市场开拓、营销推广、售后服务。创新高校、科研院所技术转移管理和运营机制，建立职务发明披露制度，实行技术经理人聘用制，明确利益分配机制，引导专业人员从事技术转移服务。

加快社会化技术转移机构发展。鼓励各类中介机构为技术转移提供知识产权、法律咨询、资产评估、技术评价等专业服务。引导各类创新主体和技术转移机构联合组建技术转移联盟，强化信息共享与业务合作。鼓励有条件的地方结合服务绩效对相关技术转移机构给予支持。

（八）壮大专业化技术转移人才队伍。

完善多层次的技术转移人才发展机制。加强技术转移管理人员、技术经纪人、技术经理人等人才队伍建设，畅通职业发展和职称晋升通道。支持和鼓励高校、科研院所设置专职从事技术转移工作的创新型岗位，绩效工资分配应当向作出突出贡献的技术转移人员倾斜。鼓励退休专业技术人员从事技术转移服务。统筹适度运用政策引导和市场激励，更多通过市场收益回报科研人员，多渠道鼓励科研人员从事技术转移活动。加强对研发和转化高精尖、国防等科技成果相关人员的政策支持。

加强技术转移人才培养。发挥企业、高校、科研院所等作用，通过项目、基地、教学合作等多种载体和形式吸引海外高层次技术转移人才和团队。鼓励有条件的高校设立技术转移相关学科或专业，与企业、科研院所、科技社团等建立联合培养机制。将高层次技术转移人才纳入国家和地方高层次人才特殊支持计划。

三、拓宽技术转移通道

（九）依托创新创业促进技术转移。

鼓励科研人员创新创业。引导科研人员通过到企业挂职、兼职或在职创办企业以及离岗创业等多种形式，推动科技成果向中小微企业转移。支持高校、科研院所通过设立流动岗位等方式，吸引企业创新创业人才兼职从事技术转移工作。引导科研人员面向企业开展技术转让、技术开发、技术服务、技术咨询，横向课题经费按合同约定管理。

强化创新创业载体技术转移功能。聚焦实体经济和优势产业，引导企业、高校、科研院所发展专业化众创空间，依托开源软硬件、3D打印、网络制造等工具建立开放共享的创新平台，为技术概念验证、商业化开发等技术转移活动提供服务支撑。鼓励龙头骨干企业开放创新创业资源，支持内部员工创业，吸引集聚外部创业，推动大中小企业跨界融合，引导研发、制造、服务各环节协同创新。优化孵化器、加速器、大学科技园等各类孵化载体功能，构建涵盖技术研发、企业孵化、产业化开发的全链条孵化体系。加强农村创新创业载体建设，发挥科技特派员引导科技成果向农村农业转移的重要作用。针对国家、行业、企业技术创新需求，通过“揭榜比拼”“技术难题招标”等形式面向社会公开征集解决方案。

（十）深化军民科技成果双向转化。

强化军民技术供需对接。加强军民融合科技成果信息互联互通，建立军民技术成果信息交流机制。进一步完善国家军民技术成果公共服务平台，提供军民科技成果评价、信息检索、政策咨询等服务。强化军队装备采购信息平台建设，搭建军民技术供需对接平台，引导优势民品单位进入军品科研、生产领域，加快培育反恐防爆、维稳、安保等国家安全和应急产业，加强军民研发资源共享共用。

优化军民技术转移体制机制。完善国防科技成果降解密、权利归属、价值评估、考核激励、知识产权军民双向转化等配套政策。开展军民融合国家专利运营试点，探索建立国家军民融合技术转移中心、国家级实验室技术转移联盟。建立和完善军民融合技术评价体系。建立军地人才、技术、成果转化对接机制，完善符合军民科技成果转化特点的职称评定、岗位管理和考核评价制度。构建军民技术交易监管体系，完善军民两用技术转移项目审查和评估制度。在部分地区开展军民融合技术转移机制探索和政策试点，开展典型成果转移转化示范。探索重大科技项目军民联合论证与组织实施的新机制。

（十一）推动科技成果跨区域转移扩散。

强化重点区域技术转移。发挥北京、上海科技创新中心及其他创新资源集聚区域的引领辐射与源头供给作用，促进科技成果在京津冀、长江经济带等地区转移转化。开展振兴东北科技成果转移转化专项行动、创新驱动助力工程等，通过科技成果转化推动区域特色优势产业发展。优化对口援助和帮扶机制，开展科技扶贫精准脱贫，推动新品种、新技术、新成果向贫困地区转移转化。

完善梯度技术转移格局。加大对中西部地区承接成果转移转化的差异化支持力度，围绕重点产业需求进行科技成果精准对接。探索科技成果东中西梯度有序转移的利益分享机制和合作共赢模式，引领产业合理分工和优化布局。建立健全省、市、县三级技术转移工作网络，加快先进适用科技成果向县域转移转化，推动县域创新驱动发展。

开展区域试点示范。支持有条件的地区建设国家科技成果转移转化示范区，开展体制机制创新与政策先行先试，探索一批可复制、可推广的经验与模式。允许中央高校、科研院所、企业按规定执行示范区相关政策。

（十二）拓展国际技术转移空间。

加速技术转移载体全球化布局。加快国际技术转移中心建设，构建国际技术转移协作和信息对接平台，在技术引进、技术孵化、消化吸收、技术输出和人才引进等方面加强国际合作，实现对全球技术资源的整合利用。加强国内外技术转移机构对接，创新合作机制，形成技术双向转移通道。

开展“一带一路”科技创新合作技术转移行动。与“一带一路”沿线国家共建技术转移中心及创新合作中心，构建“一带一路”技术转移协作网络，向沿线国家转移先进适用技术，发挥对“一带一路”产能合作的先导作用。

鼓励企业开展国际技术转移。引导企业建立国际化技术经营公司、海外研发中心，与国外技术转移机构、创业孵化机构、创业投资机构开展合作。开展多种形式的国际技术转移活动，与技术转移国际组织建立常态化交流机制，围绕特定产业领域为企业技术转移搭建展示交流平台。

四、完善政策环境和支撑保障

（十三）树立正确的科技评价导向。

推动高校、科研院所完善科研人员分类评价制度，建立以科技创新质量、贡献、绩效为导向的分类评价体系，扭转唯论文、唯学历的评价导向。对主要从事应用研究、技术开发、成果转化工作的科研人员，加大成果转化、技术推广、技术服务等评价指标的权重，把科技成果转化对经济社会发展的贡献作为科研人员职务晋升、职称评审、绩效考核等的重要依据，不将论文作为评价的限制性条件，引导广大科技工作者把论文写在祖国大地上。

（十四）强化政策衔接配套。

健全国有技术类无形资产管理制度，根据科技成果转化特点，优化相关资产评估管理流程，探索通过公示等方式简化备案程序。探索赋予科研人员横向委托项目科技成果所有权或长期使用权，在法律授权前提下开展高校、科研院所等单位与完成人或团队共同拥有职务发明科技成果产权的改革试点。高校、科研院所科研人员依法取得的成果转化奖励收入，不纳入绩效工资。建立健全符合国际规则的创新产品采购、首台套保险政策。健全技术创新与标准化互动支撑机制，开展科技成果向技术标准转化试点。结合税制改革方向，按照强化科技成果转化激励的原则，统筹研究科技成果转化奖励收入有关税收政策。完善出口管制制度，加强技术转移安全审查体系建设，切实维护国家安全和核心利益。

（十五）完善多元化投融资服务。

国家和地方科技成果转化引导基金通过设立创业投资子基金、贷款风险补偿等方式，引导社会资本加大对技术转移早期项目和科技型中小微企业的投融资支持。开展知识产权证券化融资试点，鼓励商业银行开展知识产权质押贷款业务。按照国务院统一部署，鼓励银行业金融机构积极稳妥开展内部投贷联动试点和外部投贷联动。落实创业投资企业和天使投资个人投向种子期、初创期科技型企业按投资额70%抵扣应纳税所得额的试点优惠政策。

（十六）加强知识产权保护和运营。

完善适应新经济新模式的知识产权保护，释放激发创新创业动力与活力。加强对技术转移过程中商业秘密的法律保护，研究建立当然许可等知识产权运用机制的法律制度。发挥知识产权司法保护的主导作用，完善行政执法和司法保护两条途径优势互补、有机衔接的知识产权保护模式，推广技术调查官制度，统一裁判规范标准，改革优化知识产权行政保护体系。优化专利和商标审查流程，拓展“专利审查高速路”国际合作网络，提升知识产权质量。

（十七）强化信息共享和精准对接。

建立国家科技成果信息服务平台，整合现有科技成果信息资源，推动财政科技计划、科技奖励成果信息统一汇交、开放、共享和利用。以需求为导向，鼓励各类机构通过技术交易市场等渠道发布科技成果供需信息，利用大数据、云计算等技术开展科技成果信息深度挖掘。建立重点领域科技成果包发布机制，开展科技成果展示与路演活动，促进技术、专家和企业精准对接。

（十八）营造有利于技术转移的社会氛围。

针对技术转移过程中高校、科研院所等单位领导履行成果定价决策职责、科技管理人员履行项目立项与管理职责等，健全激励机制和容错纠错机制，完善勤勉尽责政策，形成敢于转化、愿意转化的良好氛围。完善社会诚信体系，发挥社会舆论作用，营造权利公平、机会公平、规则公平的市场环境。

五、强化组织实施

（十九）加强组织领导。

国家科技体制改革和创新体系建设领导小组负责统筹推进国家技术转移体系建设，审议相关重大任务、政策措施。国务院科技行政主管部门要加强组织协调，明确责任分工，细化目标任务，强化督促落实。有关部门要根据本方案制订实施细则，研究落实促进技术转移的相关政策措施。地方各级政府要将技术转移体系建设工作纳入重要议事日程，建立协调推进机制，结合实际抓好组织实施。

（二十）抓好政策落实。

全面贯彻落实促进技术转移的相关法律法规及配套政策，着重抓好具有标志性、关联性作用的改革举措。各地区、各部门要建立政策落实责任制，切实加强对政策落实的跟踪监测和效果评估，对已经出台的重大改革和政策措施落实情况及时跟踪、及时检查、及时评估。

（二十一）加大资金投入。

各地区、各部门要充分发挥财政资金对技术转移和成果转化的引导作用，完善投入机制，推进科技金融结合，加大对技术转移机构、信息共享服务平台建设等重点任务的支持力度，形成财政资金与社会资本相结合的多元化投入格局。

（二十二）开展监督评估。

强化对本方案实施情况的监督评估，建立监测、督办和评估机制，定期组织督促检查，开展第三方评估，掌握目标任务完成情况，及时发现和解决问题。加强宣传和政策解读，及时总结推广典型经验做法。

附件3：科技部关于印发《国家科技成果转移转化示范区建设指引》的通知（国科发创〔2017〕304号）

各省、自治区、直辖市和计划单列市科技厅（委、局），新疆生产建设兵团科技局：

为深入贯彻落实《国家技术转移体系建设方案》（国发〔2017〕44号）和《促进科技成果转移转化行动方案》（国办发〔2016〕28号），有序推进区域性科技成果转移转化示范工作，科技部制定了《国家科技成果转移转化示范区建设指引》。现印发你们，请结合本地实际认真贯彻落实。

科技部

2017年10月10日

国家科技成果转移转化示范区建设指引

为深入贯彻落实《国家技术转移体系建设方案》（国发〔2017〕44号）和《促进科技成果转移转化行动方案》（国办发〔2016〕28号），有序推进国家科技成果转移转化示范区（以下简称示范区）建设工作，制定本指引。

一、总体要求

（一）指导思想。

深入贯彻习近平总书记系列重要讲话精神和治国理政新理念新思想新战略，认真落实党中央、国务院关于实施创新驱动发展战略的重大决策部署，落实和完善促进科技成果转化的政策法规，探索形成各具特色的科技成果转化机制和模式，围绕地方经济转型升级、社会民生需求加速科技成果转移转化，带动形成全社会大力促进科技成果转移转化的热潮，为供给侧结构性改革提供科技支撑。

（二）建设原则。

——统筹部署。根据国家重大区域发展战略，对不同地区进行统筹布局，加强分类指导和梯队推进，引导区域协调发展。

——突出特色。从地方经济社会发展实际需求出发，紧密围绕各地资源禀赋、产业布局、区位优势和科技特色等，开展各具特色的示范任务。

——改革创新。围绕激发主体活力、公共平台建设、专业人才培养、财政资金支持等方面，落实和完善政策措施，结合实际开展体制机制探索，形成可复制推广的经验做法。

——市场导向。充分发挥市场在配置创新资源中的决定性作用，壮大技术市场，加速技术、人才、资本等创新要素的流动与融合。

——上下联动。加强中央与地方统筹协调，强化地方建设主体作用，有效集聚地方科技资源和创新力量，形成上下联动、横向联通的工作机制。

（三）建设目标。

示范区建设期原则上为 3 ～ 5 年，“十三五”期间部署建设 10 个左右。打造形成一批政策先行、机制创新、市场活跃的科技成果转移转化区域高地，形成一批可复制、可推广的经验做法。有利于科技成果转移转化的政策环境和体制机制不断健全，专业化的技术转移人才队伍不断壮大，科技成果转化公共服务平台更加完善，企业、高校和科研院所科技成果转移转化能力明显提升，各具特色的科技成果转移转化体系逐步建立和完善。

二、建设布局与条件

（一）总体布局。

围绕国家重大区域战略以及重点产业发展战略布局，统筹不同地区，重点选择工作主动性和积极性高、科技创新基础较好、科技成果转化工作特色突出、对周边区域发挥辐射引领作用的有关省（自治区、直辖市）进行布局，既注重发挥东部地区的示范带动作用，又注重适当向中西部地区倾斜。

以省（自治区、直辖市）为建设主体，主要依托国家自主创新示范区以及国家和省级高新技术产业开发区、农业科技园区等，围绕区域经济社会发展特别是供给侧结构性改革对科技创新的实际需求，开展科技成果转移转化区域示范。充分发挥示范区的辐射带动作用，促进科技成果跨区域转移转化和创新资源开放共享，带动周边区域乃至全国范围的科技成果转化与产业升级。

（二）建设条件。

地方政府高度重视，把促进科技成果转移转化有关工作列入重要规划和计划。

有较好的科技成果转移转化工作基础和突出的示范特色，技术市场交易额等主要指标实现持续增长。

制定出台较为完备的科技成果转移转化配套政策法规，建立较完善的科技成果转化平台，拥有一批较高水平的技术转移及成果转化服务机构和专业化的人才队伍。

科技与产业发展特色鲜明，能形成较好的示范效应，对国家重大发展战略发挥关键支点作用。

三、重点示范任务

（一）推动高校和科研院所科技成果转移转化。支持高校、科研院所强化需求导向的科技研发，为科技成果转移转化提供高质量成果供给。鼓励高校、科研院所建立面向企业的技术服务网络，通过研发合作、技术转让、技术许可、作价投资等多种形式，实现科技成果市场价值。鼓励医疗机构、医学研究单位等构建协同研究网络，加快新技术、新产品应用推广。完善个人奖励分配、横向课题经费管理、兼职或离岗创业等制度。

（二）建设科技成果中试熟化与产业化基地。建设产学研相结合的技术研发应用基地，构建面向产业需求的研发机制，提供技术研发与集成、中试熟化与工程化服务，支撑行业共性技术成果扩散与转化应用。建设通用性或行业性技术创新平台，加大重大科研基础设施、大型科研仪器和专利信息资源的社会开放力度。培育一批创新型产业化集群，承接科技成果转移转化。

（三）围绕重大需求推动科技成果转移转化。建立完善成果信息采集、发布机制，发挥社会化的科技成果评估在技术识别、价值判断等方面的作用，分类分批精准发布对接成果信息。针对区域经济社会发展、产业转型升级等重大需求，加强科技成果应用推广，促进示范区技术交易额稳步增长。支持财政科技计划成果和科技奖励成果转化应用。

（四）培育专业化科技成果转移转化机构。建设专业化、市场化的科技成果转移转化机构，明确对转移机构的绩效奖励机制。构建互联互通的技术交易市场和平台，汇聚科技成果及技术需求，提供融资并购、公开挂牌、咨询辅导等服务。推进众创空间、孵化器、加速器等创业孵化平台建设，加强与高校院所、企业和投融资机构的协同。探索设立国际技术转移中心，整合海内外相关资源，为国内成果“走出去”与承接国外技术转化提供综合服务。

（五）壮大职业化科技成果转移转化人才队伍。建设技术转移人才培养基地，支持高校开设成果转化课程，开展评估评价、知识产权等教育和培训。建立技术转移人才培养与考评标准，畅通人才职业发展通道。健全科技人员服务机制，推动科技特派员、科技专家服务团等参与科技成果转移转化。推动将科技成果转化领军人才纳入各类人才计划，与国际技术转移组织联合培养国际化技术转移人才。

（六）加强对科技成果转移转化的支撑保障。大力发展科技服务业，推动市场调查、咨询、法律、知识产权等机构参与成果转移转化，提供全方位、专业化服务支撑。加强政府资金投入，鼓励设立创业投资引导基金等，引导社会资本加大投入。支持银行探索投贷联动模式，建立符合科技成果转化需求的信贷、保险和投贷联动等机制。稳步探索互联网股权众筹、知识产权质押融资等新型金融业态。强化知识产权运用和保护。

（七）强化科技成果转移转化工作体系建设。完善示范区建设工作推进体系，加强市县基层工作队伍建设，明确示范区建设责任主体和分工。建立相关责任部门联席会议机制，加强科技、教育、发改、工信、财政等部门联动，实现重点任务统一部署与创新资源统筹配置。探索示范区科技成果转移转化绩效考核机制。

（八）营造良好政策环境。落实国家促进科技成果转移转化相关政策法规，建立实施情况监测机制，为调整完善相关政策举措提供支撑。探索完善符合地方特点的政策举措，创新政府购买服务、税收激励等举措，总结推广政策措施。

（九）开展各具特色的示范任务。根据本地方特点和区域发展目标，提出具有区域特色的建设任务，在推动国际技术转移、绿色发展、军民融合等方面先行先试，形成一批可复制、可推广的新经验、新模式。

四、建设程序

（一）提出需求。对于工作基础好、积极性高、符合布局条件的省（自治区、直辖市），地方科技主管部门经报请地方政府同意，提出示范区建设需求和建设思路。

（二）制定方案。地方科技主管部门编制建设方案，开展专家咨询论证，由地方政府报送科技部。科技部根据情况组织开展调研咨询，提出对建设方案的编制意见。

（三）启动建设。对满足建设条件、建设方案成熟的地方，科技部支持示范区建设。地方政府按要求启动建设，加强建设方案任务落实和考核评价。

（四）监测评估。示范区设立各具特色的建设指标体系，引导建设方向和目标任务。每年12月底以前，地方科技主管部门将示范区年度建设情况书面报科技部。示范区建设期满前，科技部组织开展总结评估，并根据评估结果决定整改、撤销或后续支持等事项。

（五）示范推广。示范区凝练提出可供复制推广的若干政策措施和经验做法。科技部对示范区建设经验和做法进行总结提炼，向全国示范推广一批可复制可推广的先行先试政策与经验模式，发挥示范区的辐射带动效应。

五、组织实施

（一）加强组织领导。示范区所在地方政府发挥建设主体作用，制定实施方案，完善建设领导推进机制，明确任务分工和进度安排，落实建设任务。科技部将示范区建设纳入与地方的常态化的工作会商机制，加强中央和地方对示范区建设的战略对接、措施协同、政策衔接。

（二）强化政策支撑。示范区应全面贯彻落实促进科技成果转移转化的相关法律法规及配套政策，建立政策落实责任制，切实加强政策跟踪监测和效果评估，对已经出台的重大改革和政策措施及时跟踪、及时检查、及时评估。国家层面出台或地方示范推广的科技成果转化政策在示范区进行先行先试。鼓励和推动示范区探索实施具有地方特色的改革政策，完善科技成果转化政策体系。

（三）优化资源配置。鼓励示范区创业投资基金加强与国家科技成果转化引导基金的协同联动，带动社会资本共同设立创业投资子基金，加大对示范区的支持力度。支持示范区开展科技金融结合试点工作，引导金融资本支持成果转化。

国家建设的技术交易网络平台、科技成果信息服务系统等与示范区相关平台和系统实现互联互通，区域性技术转移中心、示范性技术转移机构、成果转化类科技创新基地等优先在示范区建设。